国外城市设计丛书

城市公园反思

——公共空间与文化差异

塞萨·洛

[美] 达纳·塔普林 著

苏珊·舍尔德

魏泽崧 汪 霞 李红昌 译

中国建筑工业出版社

著作权合同登记图字：01-2008-5422 号

图书在版编目（CIP）数据

城市公园反思——公共空间与文化差异／（美）洛（Low,S.），（美）塔普林（Taplin,D.），（美）舍尔德（Scheld，S.）著；魏泽崧，汪霞，李红昌译．—北京：中国建筑工业出版社，2012
（国外城市设计丛书）

ISBN 978-7-112-14310-8

Ⅰ.①城…　Ⅱ.①洛…②塔…③舍…④魏…⑤汪…⑥李…　Ⅲ.①城市公园-园林设计　Ⅳ.①TU986.2

中国版本图书馆 CIP 数据核字（2012）第 138284 号

Rethinking Urban Parks: Public Space and Cultural Diversity/Setha Low, Dana Taplin, Suzanne Scheld

Copyright © 2005 by the University of Texas Press

Chinese Translation Copyright © 2013 China Architecture & Building Press

Through Vantage Copyright Agency of China, Nanning , Guangxi, P.R. China

All rights reserved.

本书经广西万达版权代理中心代理，University of Texas Press 正式授权翻译、出版

责任编辑：董苏华　李　东
责任设计：赵明霞
责任校对：陈晶晶　刘　钰

国外城市设计丛书
城市公园反思
——公共空间与文化差异
　　塞萨·洛
[美]　达纳·塔普林　著
　　苏珊·舍尔德
魏泽崧　汪　霞　李红昌　译
*
中国建筑工业出版社出版、发行（北京西郊百万庄）
各地新华书店、建筑书店经销
北京嘉泰利德公司制版
北京中科印刷有限公司印刷
*
开本：787×1092 毫米　1/16　印张：11　字数：268 千字
2013 年 3 月第一版　2013 年 3 月第一次印刷
定价：45.00 元
ISBN 978-7-112-14310-8
　　　（22372）

目　录

术语的诠释

在对原稿的首次修改过程中我们试着调整涉及描写人群的种族划分、种族和阶级时惯用的术语。我们清醒看到这些类别是在社会中创立起来的——这是构想的、创造的、商谈的和习惯使用的——这是通过人们关于特别的地点、时间和环境使所有的分类都成为固定化并且表达精练，使不稳定的和持续的转变社会认同。我们也关注种族关系是怎样通过种族和阶级划分的观念变成历史性的观点，而种族分类是如何被证明在活动中是习惯性差别对待。尽管如此，我们的主题仍然是文化多样性，并且形成了我们的许多观点——我们相信会被允许——我们需要从文化角度和与政治有关的群体来写，而不是写个人，使用受访者和社区同事们能够理解并能用于代表他们自己的术语。

同样有问题的是每个章节都是基于不同历史时刻的研究，人口研究［从说西班牙语的人（Hispanic）到拉美裔人（Latino），从黑人到非洲裔美国人］和学术中的人种／民族术语［从黑人到非洲－加勒比裔美国人（Afro-Caribbean American）或非洲裔美国人］都会改变。我们也有关于未标注的"白人"种族的问题，公园研究中频繁使用，而只有标注的社会"其他"种族被讨论。在纽约和美国东北地区，"白人"包含许多不同的人种和文化群体，他们之间在历史，阶级地位，语言和居住方面的术语很少有相似的地方。比如，最近到达的俄罗斯人，他们对雅各布·里斯公园的使用在社会和文化上不同于长期使用的布鲁克林居民，不同主要体现于对海滩的使用和兴趣上。另一个例子是，我们发现独立公园的第四代意大利裔美国人对他们的语言和文化有强烈的认同感，他们不去看国家独立历史公园的原因是与他们的文化团体有关，在这点上超越了我们采访的波多黎各裔美国人。

针对这些问题，我们不能提供任何固定的术语或类别，涉及或识别我们在本书中讨论的不同文化、人种、种族或阶级团体。相反，我们依靠团体自身使用的分类，或项目开始时公园工作人员和管理者给我们的他们使用的分类。因此，每一章的术语都是不同的，在某些情况下，如果个人使用的关于他们自己的术语和被委托管理的特别公园项目的分类不同，那么同一章内的术语也会不同。读者应该不会对这些不同感到困惑，因为每一天，我们都会面对使用黑人还是非洲裔美国人，拉美裔人还是波多黎各裔人，白人或犹太人的抉择。

我们希望读者能考虑到这种变化的术语的丰富性，作为创造性的，身份认同和个人确认的一部分，同时是破坏性的，因为它反映了黑人／白人，白人／有色人种，本土居民／移民的散布在我们语言中的区别和二元性，并能引起美国社会的区分。尽管我们没有直接关注美国的种族歧视，以及我们在城市公园和海滩中描述的在文化进程和排外形式下的种族主义者的意识形态和实践。我们想让这项工作的核心是反民族主义，并促进对民族主义如何作为一种种族优势／劣势的系统的更好理解，并改变公园每天的使用和管理。

致　谢

作者在此感谢国家公园管理局（NPS），特别是国家独立公园的 Doris Fanelli 和 Martha Aikens，埃利斯岛的 Richard Wells，雅各布·里斯公园的 William Garrett，已故的 Muriel Crespi 博士，位于华盛顿的国家公园管理局的人类学研究项目的前任负责人，Rebecca Joseph 博士、Chuck Smythe 博士，东部沿海地区快速人种志项目的负责人，对这些课题的支持。我们还应该感谢管理纽约公园和娱乐场所的管理部门以及佩勒姆湾公园的负责人，凡科特兰和景观公园的 Linda Dockery，对纽约市研究报告的财政支持的 Mary Ann Anderson 和 Tupper Thomas。

塞萨·洛（Setha Low）还要感谢洛杉矶盖蒂中心的盖蒂保护研究所（GCI）全体员工，Sheri Saperstein，Valerie Greathouse，David Myers，Kris Kelly，Eric Bruehl ——为这本书所作的努力。从 2003 年的 1 月到 3 月，在 GCI 的学者奖学金的支持下使他一路走来顺利地完成手稿。我们还要感谢纽约城市大学研究生中心，特别是人类环境中心以及其管理者，Susan Saegert 的支持和帮助。如果没有 Susan 的支持和她的员工的帮助，这个研究项目将会面临更多的困难。

本书使用了以下文献的材料：

Low, Setha. 2004. Social Sustainability: People, History, Values. In *Managing Change: Sustainable Approaches to the Conservation of the Built Environment,* ed. J. Teutonico. Los Angeles: The Getty Conservation Institute.

Low, Setha. 2002. Anthropological-Ethnographic Methods for the Assessment of Cultural Values in Heritage Conservation. In *Assessing the Values of Cultural Heritage,* ed. Marta de la Torre, 31–50. Los Angeles: the Getty Conservation Institute.

Low, Setha M., Dana Taplin, Suzanne Scheld, and Tracy Fisher. 2001. Recapturing Erased Histories: Ethnicity, Design, and Cultural Representation: A

Case Study of Independence National Historical Park. *Journal of Architectural and Planning Research* 18 (2): 131–148.

Taplin, Dana H., Suzanne Scheld, and Setha Low. 2002. Rapid Ethnographic Assessment in Urban Parks: A Case Study of Independence National Historical Park. *Human Organization* 61 (1): 80–93.

Taplin, Dana H. 2003. Sustainability in Urban Parks—Narrow and Broad. *Proceedings: Urban Ecology: Cities in Transition.* New York: Pace University Institute for Environmental and Regional Studies, 65–76.

　　写一本书常常需要朋友和同事的帮助。为这个项目收集资料的纽约市立大学研究中心的研究生被计入长长的名单里，包括 Charles Price-Reavis，Bea Vidacs，Marilyn Diggs-Thompson，Ana Aparicio, Raymond Codrington, Carlotta Pasquali, Carmen Vidal 和 Nancy Schwartz。我们决定不将凡科特兰湖项目的负责人 Kate Brower 写入本书中，但是她的深刻见解和指导仍然使我们受益匪浅。Larissa Honey 和 Tracy Fisher 在项目进行前同样参与了研究工作，她们的工作对于我们完成项目也是非常重要的。来自 Matthew Cooper、已故的 Robert Hanna 和盖蒂保护研究新的研讨会成员，尤其是 Randy Mason 和 Marta de la Torre，他们的意见对我们非常有帮助。我们同样要感谢 Anastasia Loukaitou-Sideris, Benita Howell, William Kornblum, Galen Cranz 和 Randy Hester，感谢他们对此地的研究和他们的一些著作以及他们的有益的评论。

　　我们同样感谢国家公园管理处人类学研究项目的领导人 Muriel Crespi 博士和喜爱这些公园的景观建筑师 Robert Hanna 对这份重要工作的支持。Miki 和 Bob 在这本书的写作期间去世，所以他们不会看到他们努力的最后成果。我们希望通过这本书保留他们对文化活力支持和公园保护的愿景。

　　我们衷心感谢美国得克萨斯大学出版社的大力支持，特别是总编辑 Theresa May，手稿编辑人 Lynne Chapman 和设计师 Lisa Tremaine。在纽约市立大学方面，我们要感谢 C.H.E. 的 Jared Becker。

　　最后，我们将这本献给我们各自的伙伴——Joel Lefkowitz, Michele Greenberg 和 Isma Diaw——感谢他们研究和记录过程的热情和支持。这是一个漫长的旅程，他们提供了非常多的帮助——从出借汽车和拍照到做晚饭——因此这本书得以完成。谢谢所有为我们的工作作出贡献的人们。

第一章　大城市空间的文化生活

引言

　　威廉 ·H· 怀特（William H. Whyte）开始发现为什么一些纽约的城市公共空间那么成功，比起其他的那些空旷、冷清和无用的公共空间，那里充满了生机和活力。经过 7 年的时间对城市广场和小公园的拍摄，他发现在纽约只有很少的一些广场可以吸引市民，并且通过拍摄他看到这种衰落对城市文明所造成的威胁。他开始倡导在城市中建立能供人们见面、放松和交往的场所。他在对那些环境受欢迎、有活力的广场的分析基础上提出了现在著名的"小城市空间规则"理论。而这些规则被纽约规划部门运用到了城市公共空间改造中。

　　在新世纪，我们正在面对各种对公共空间的威胁——没有一个公共场所是废弃的，但是其设计和管理的模式却让一些人排斥，并且减少了社会和文化的多样性。在某些情况下，这是一个深思熟虑的方案，可以减少不喜欢它的人的数量。在其他方面，设计和规划也是私有化、商品化、具有历史保护意义和明确战略意义的一个副产品。然而，这些措施可以减少空间或空间整治后的生机和活力，用这样的方法只能使一种人——通常是旅行者或者是中产阶级的参观者——喜爱那种感觉。其后果之一是，开放的城市公共空间的数量在逐步减少，同时越来越多地被人们私有化、门控、围栏、关闭整修和重新设计约束了正常的活动。在拉丁美洲以及美国这些变化可以明显地看出，那些能让人们见面和参与公共活动的空间在急剧减少（Low 2000）。

　　这些变化对于其他社会活动也存在着潜在的危害，它取决于公共空间和有活力的公共领域中多种分类和多种文化的交流。至少在 9·11 事件之后是这样的情况，在所有的公共空间中只有极少数地方仍旧保留了文化和社会的多样性，但是华盛顿广场和联邦广场仍然如此。自从发生了恐怖袭击事件之后，他们进一步增加了防御措施来保障安全，用实体的屏障、私人的保镖以及警方来保护先前的开放公共空间和建筑。这种对公共安全的威胁不仅来自外部，同样来也来自美国人对世贸双塔被破坏后的过度反应，他们隔绝自己，否认团结、开放和乐观的情绪。

对于"异类"的安全感和恐惧感

在世贸大厦被毁坏之前，对于安全问题的关注一直都是信息化美国城市的一个摆设，他们只强调封闭的围栏，警方的保护以及私人的空间。尽管许多美国人把他们的目光放到了弥漫在城市中令他们感到害怕的犯罪和暴力事件上，但是通过整个社会阶层，这种反社会的通常被叫做对"异类"的恐惧情绪已经成为从郊区发展以来隔离居住区和工作场所的标志。人们开始向郊区迁移来躲避市中心的肮脏、疾病和大量的移民者，就像车子一样频繁来回。但是从郊区到城市不仅仅是物理的距离——一个更强大的社会距离产生了，并且通过一系列复杂的种族偏见和阶级偏见被维持着。

但即使在城市，类似这样形式的社会距离已初具规模。比如在今天，富裕的纽约人能满足他们对居住在不同社区或合租公寓里的安全性的要求。其他城市居民依赖邻里监视系统忍受着不断增长的居住行为的约束。面对逐渐下降的犯罪率，城市恐惧的结束证明了对城市空间更为严格的管制是十分合理的。

越来越多的新式检测技术证明，对恐怖主义的恐惧感加深只会使事情变得更糟。新的电子监控技术正在美国各地实施。在2001年9月11日之前美国人似乎不太可能会同意把他们的生活暴露在监控摄像机或者警方监视下。但是现在一些市民要求把监控摄像机安装在像弗吉尼亚海关这样的地方用以人脸的扫描，并在计算机犯罪分子信息数据库中进行核对检查。棕榈泉（Palm Springs）在主要的商业街道上的棕榈树上均安装了电子眼。一度被认为是龙头产业和侵犯公民自由的技术现在被广泛地用在解决公共安全问题上，几乎不用对其结果进行任何检验。在危急关头提高安全性时，我们所支付的费用不是增加的警务人员的薪水或者是引进视网膜扫描技术的花费，而是在失去了自由的行动和公共空间文化多样性的美国生活方式的特征。

全球化和日益多样化

随着全球化的趋势愈演愈烈，两个补偿过程正在进行。大批的人为了获得更好的工作和教育正从发展中国家向较发达的地区迁移，同时对城市公共空间的利用越来越频繁。之所以宏观环境变得越来越多样化，是因为第一，移民流动的速度增长；第二，当地人口的增长率之差；第三，美国整体"褐色"现象。当地的环境质量正逐步改善，本国的和同种移民的领地在城市中扩张，封闭式小区在城市郊区和边缘发展。在文化和种族分化的这个历史时期，关于这些改变的对话已经变得越来越重要。我们该如何在这种新的政治气氛下继续整合我们不同的社会群体和提升社会忍耐力呢？我们认为，方法之一是确保我们的城市公园，海滩，文化遗址——那些能令我们走到一起的大规模的城市空间——维持它们的公共性。在这个意义上，提供一个能让所有人放松、学习、休闲的开放场所，以至于让我们能有一个安全又公开的地方进行人际交往或是团体合作及解决矛盾。

1990年，塞萨·洛（Setha Low，美国人类学协会前会长），在达纳·塔普林（Dana

Taplin）和苏珊·舍尔德（Suzanne Scheld）的帮助下，在人类环境中心的研究生院和纽约大学中心的城市大学创立了公共空间研究组（PSRG），来进行这些问题的研究。PSRG把研究人员、社会成员和公务员召集到了一个整合调研、理论和政策的论坛。这个组织提出了一个关于个人、社会、政治和经济实力与公共空间关系的理论框架。PSRG把目光放在了关于空间分隔的社会发展进程、路径冲突和空间控制、人与空间联系的价值与意义这三个方面上。

在我们对大城市公园和文化遗址的文化功能进行了解的15年时间里，已经注意到全球化对当地的影响：更多的移民，更大的差异，公园空间功能的更新，经营和维护所需的公共资金的减少，更多私人实体管理职责的交流。我们也目睹了这些改变所产生的影响，如通过历史保护和加强控制而出现的公共空间通过监督进行物质重建。我们已经记录下了对当地文化的误解是如何逐步上升为威胁周边社区的社会问题的，而这个问题同时也引发了我们所看到的发生在小城市空间的同样的过程。在某些方面移民也是美国经济的主要支柱，但在9·11之后已经变成令人恐惧的"异类"。对大型公园限制性的管理给移民者、当地居民以及多元化的行为造成了越来越多的不适宜居住的环境。如果这种趋势继续下去的话，用于社会活动的最后剩下的空间也会消失，而这些地方是各种不同性别、不同阶级、不同文化、不同种族的人和平交流的场所。

管理和提升社会与文化多样性的论断

基于我们的观察，城市公园、海滩、文物古迹可能会受到同一化的力量。我们开始进行一系列的研究项目以确定什么样的活动和管理方法能促进、支持和维护文化的多样性。这些项目产生了一系列的论断，它与威廉·H·怀特的小城市空间社交的提升规则有些相似，但是如果这样的话，这些论断可以提升和/或维护文化的多样性。每一个论断都来源于一个或者多个公园人种志研究方法。在下面的一个章节将会阐明。

这些论断不是适用于所有的情况，它仅仅为公园的规划、设计和管理所涉及的对文化敏感度的选择提供一个框架和引导。其可归纳为以下六点：

1. 如果国家历史博物馆和纪念馆不能代表人民，或者更严重一些，他们的历史被抹去，那么他们将不再使用这个公园。

2. 路径是和经济学以及公园作为流通和运输用途的文化模式相同；因此，当为全社会的群体提供路径时，必须考虑收益和访问模式。

3. 不同团体的社会作用能够被保持并加强，通过在全部场所的大型空间中为每个人提供安全的空间充足的领地。

4. 调节社会阶级和种族团体使用和评价公共场所的不同方式，对于维持文化和社会的多样性所必须作出的决定是必不可少的。

5. 当代历史保护不应该专注于恢复景观特征也不应该恢复设施和吸引人们到公园的娱乐活动。

6. 交流文化意义的象征性方式是地方吸引力的重要因素，可以着重发展以提高文化的多样性。

这些论断对在城市公园和文化遗址中维护和提升文化的多样性仅仅是一个开始。更多的研究和实验将被用来充分了解其重要性和解决维持公共空间活力的难题。但最起码，这些论断说明了什么样的多样性可以成为评估人类生态系统成功的重要部分。本章其余部分讨论了这个理论和支持我们立场的实际根据。我们不能断言文化和社会的多样性就是决定着大城市位置的因素，这个论证也需要被当前的社会理论和实践来证实。考虑到其多样性，里面包含了经济和道德的因素，这对于任何一个城市空间的成功是十分重要的。这一章节提出的基础理论用来解释，为什么对大城市空间的规划、设计和管理在将来是如此重要。

理论框架

社会的可持续性

什么是"社会的可持续性"呢？依据戴维·思罗斯比（David Throsby）（1995）的观点，可持续性是指一种现象的演变发展和其品质的持久性，避免短期或临时的解决方法，并关注自我实现和自我持续的系统。对支持和维护"自然平衡"的生态系统和对支持和维护文化生活和人类文明的"文化生态系统"给予同样的关注（Throsby 1999a，1999b）。可持续发展是通过维持生态系统的平衡达到对环境的维护和美化，而文化的可持续发展是指对艺术、社会态度、习俗和信仰的保护。

社会可持续性是文化可持续性的一个子集：它包括了对增强文化系统的社会关系和意义的维持和保护。社会的可持续性特别强调了维护和提高当代群体的不同的历史、价值和社会关系。但是，要真正理解社会的可持续性，我们需要在思罗斯比理论的基础上增加三个要点。

1. 地方保护

文化生态系统处于时间和空间中——对一个文化生态系统的维持或是保护，它所存在的地方是应该被保护的（Proshansky，Fabian，Kaminoff 1983；Low 1987）。文化的保护和可持续性需要对其存在的地方进行保护。相当明显的一点是，当处理物质环境和问题时对于文化的再现是至关重要的。

2. 文化生态理论

人类学家之所以运用各种理论是为了使文化生态系统随着时间的推移在特定的地点发挥作用。举个例子，贝内特（Bennett 1968；又见 Netting 1993）通过模拟自然系统的生态动力学来了解农民的社会政治立场在文化生态系统中的变化。科恩（Cohen）（1968）在发展中地区制订了一个文化发展计划，来预测居住模式和社会文化的发展。虽然许多文化生态学理论已经遭受了历史的批评，尽管如此，文化生态系统模型中的动力系统及预测系统两个方面对特定地区的社会变革的研究仍很有用处（Barlett and Chase 2004）。

该例子位于哥斯达黎加圣何塞（San José），这个城市具有重要历史意义的中心广场能很好地说明这一点。直到1992年，中心广场仍存在着一个完善的、空间组织性强的文化生态系统，而这个系统由东北角的擦鞋者（图1.1），西南角的退休的老年人（图1.2），西北角的销售商和宗教工作者（图1.3）和中间内圈的妓女和体力劳动者组成。这个已经建立的文化生态系统在1993年被破坏，当广场被政府关闭，历史空间被重建，这个地方已经不再对旅行者和中产

图1.1 哥斯达黎加圣何塞，中心广场的擦鞋人

图1.2 哥斯达黎加圣何塞，中心广场的老人们

图1.3 中心广场的销售商和宗教工作者

图 1.4　重建后的中心广场

阶级具有吸引力（Low, 2000）。

　　但是，重新设计破坏了社会的生态平衡。一个新的社会群体，一群年轻人，接管了这个公共空间，却带来了一个不安全、不受欢迎的环境。那些不如哥斯达黎加人的尼加拉瓜人成为了周末公共空间的主要的使用者。这个例子说明了目前文化生态系统的脆弱性（及其不同的场所）；社会空间场所（地域）被破坏以后，系统比起以前的干预，现在更不能有效地维持自己。该地区的重建表面上是为了改善它的环境，实际上，如果该地区的社会生态被忽视，那么可能将会造成更多的问题和障碍。

　　3. 文化的多样性

　　第三个重要的因素是文化的多样性。生物多样性对作为遗传基因库和适合生命进化的物质环境至关重要，而在文化的多样性中也有其社会副本。文化多样性虽然作为 20 世纪 80 年代美国"政治立场正确"的关键词，但他还没有在规划和设计中进行实践，更不用说它的可持续发展了。可持续发展包括"保持文化的多样性"，当其作为一个概念性的目标提出时，产生了一个关于它的研究内容的小争论。但文化多样性提供了一个提升文化和社会持续性的方法，其为一个在具有重要文化价值的地方人类群体延续的明显的结果。

　　这种修正的文化生态系统或多样化模式为社会可持续性的定义提供了一个有效的理论基础。但社会可持续性所包含的内容要比文化生态系统和多样化体系的内容多。它暗示了一个道德和政治立场去维持社会文化系统，并在任何情况下延续和支持它们。而在这个意义上，有些问题一定会被问到：如社会的可持续性对所有人都适用吗？我们已经假设人类生态系统不会相互竞争，即便其可以这么做。一个成功的文化系统能够超越其他的任何系统。文化生态系统的自然选择以及建立在进化论和生物社会学模式之上的最佳生存状态就是我们所谓的可持续性吗？又或者是我们应该从强者那边来保护弱势群体、系统和城市场所吗？这些道德和政治问题是要在应用和实践中被解决的。

　　最后，当我们讨论社会可持续性时，我们需要在各种不同的范围内提出议题，如局部的、区域的和全球的。局部地区的社会可持续性已被早先的例子所阐明。随着时间的推移，一个地方的文化活力可以通过其公园以及公园附近和遗产遗迹的历史价值来维持。在区域范围内，社会可持续性通过一个广泛的计划支持被更好的概念化，它不仅来自个人的支持，还有近邻、社会、组织、教会和社团的支持，以及存在的文化价值和贯穿整个历史的地域的基础设施建设制度的支持。多洛雷斯·海登（Dolores Hayden）的《地区的力量》（The Power of Place）（1995；又见 Hayden1990）展现了一个少数人记录和纪念文化历史和女人成为社会主体的社会的现象。在全球范围内，社会的可持续性更接近戴维·思罗斯比的"可持续发展"，它建立在联系、文化、平等以及对环境公正评价的基础之上。

因此，社会的可持续性是指成功地维持现有的文化生态系统和文化的多样性。在社会关系和社会含义相互包含而并非独立的时候，社会的可持续性是被保护的。在这个意义上，社会的可持续性通过了解历史、价值、文化表现和任何不同的文化环境模式之间的密切关系来培养。事实上，当地的居民，他们的历史及他们的价值观，最终加强了任何一个公园的长远的社会可持续性。

文化产权

在重视文化产权（Cultural Property Rights）的道德规范方面，文化多样性的一个强有力的论证被提了出来。在一个基本水平上，道德规范是对个人居住生活的一种正确的考虑方法，尤其在关于人与人之间的行为方面（Lefkowitz 2003）。但是，当道德规范在做正确的事时，它不会在每一种情况下都意指相同的事物。广泛地说，他们会对你的行为负责而且会避免对其他人造成伤害，但是要在特定的社会、文化和历史情形中才能发挥作用。

克里斯·约翰斯顿（Chris Johnston）和克里斯塔尔·巴克利（Kristal Buckley）（2001），在遗产保护实践中讨论文化内容的重要性时指出，道德规范将文化价值转化成了行动。这种转化最容易在跨文化或多元文化的情况下见到。约翰斯顿和巴克利提供了一个例子：澳大利亚考古协会通过制定了一系列道德规范的管理原则，引导澳大利亚土著和海峡岛民成为其成员。"除此之外，这份文件承认了本土居民对文化遗产和重要遗迹的第一所有权"（2001，89）。正因如此，澳大利亚考古协会制定的本土的文化产权的道德关系，将会为本土居民和他们的文化遗产的适当行为设定界限。

文化产权的争论核心是谁拥有着历史及谁有权利或责任去保护历史文化遗产的问题。"这些问题已经上升到了一个关于过去的哲学问题上……他们同时把价值的多样性和文化知识产权的保护与这各种不同团体的利害冲突的争论放在了前沿"（Warren 1989，5）。凯琳·沃伦（Karen Warren）（1989）提出，对出现的各种争论最终都可理解归纳为"3R's"：1）对民族起源文化资产的归还（restitution）；2）对文化资产"进出口"的限制（restriction）；3）各方权利的保留（retention）。

在每一个议题里，许多争论已经得到证实，为什么传统的或是本土文化产权不受到重视？举个例子，当文化资产遭到破坏时，沃伦（1989）利用"救援措施"来抵抗文化起源国家要求对文化资产的索赔。如果那些文化起源国家没有能力去"拯救"他们的文化资产，那么就让像沃伦这样有能力的外国人来保护它们吧。那些拯救了文化遗产的人认为，现在需要给它们一个合理的赔偿。其他属于"学术访问争论"的论点也沿用了这些路线——如果文化物质回归到本国或是文化的起源地，学者将没有适当的途径来有效地保护它们。所有的"外国所有权论点"和"人类所有权论点"的争论已被全部用来讨论国家文化的起源。为解决这些反对的观点，沃伦提出，如果作为一个目标来强调保护并且让妥协与共识相结合，这样就能解决文化资产的问题。他的解决方式的重点就是站在基本的道德立场上，承认涉及任何一个文化遗产解决办法的价值和观点多样化的重要性。

像史密斯协会（Smithsonian Institution）（联合国博物馆）这样的机构，也在这些道德规范中找到了支持自己的论证。伊万·卡普（Ivan Karp）（1992）指出，"由于博物馆承认了对社区的责任，这样一个尖锐的道德难题就被提了出来"（11）。从这个角度来看，当一个社区在出现以下这些问题的时候就会提出要求：受到伤害，被其他的社区限制，共享的资源被用完。博物馆一定会决定谁来为社区辩护和这样的索赔是否对不同群体同样有效。在物质文物被遣送回来的情况下，当地和国家的社区以及文化团体对博物馆如何决定和引导他们这件事十分感兴趣。

为了公平的审理文化资产的索赔，所有社区和文化团体都必须参与讨论之中。我们争论的是一个能让他们继续见面和思考问题的地方。遗产遗址和城市公园是最开始讨论的两个公共空间的例子。从道义上来说，有时有些文化产权的"文化"和"环境"部分正在被其他人使用和控制，这种的情况是建立在权力得到公平的分配，所有的文化团体享有继承的权利并拥有自己家园的基础上的。同样的理由可以被用来强调维持公园、海滩和遗产遗址文化多样性的重要性。

社区参与，授权和公民的权利与义务

文化产权的提出不是唯一思考这些道德问题的办法。温迪·萨尔基西安（Wendy Sarkissian）和唐纳德·佩尔古特（Donald Perlgut）（1986）提出在正使用的公园和文化遗址中寻求社区参与的两个理由：1）在一个民主的社会中，它是有伦理道德的，人的生命和环境受到影响后应该对其进行商议；2）为了得到应有的参与权利，人们会积极支持计划和政策。通过自上而下的途径来维持公园可能会使开销增加，这是很令人吃惊的，很少有政府可以支付用于抵御外部控制的费用。然而，协同合作的优势还没有被完全了解。即使是经常使用公园，对公园资源有充分了解的社会成员，也往往不被包括在计划和维护项目之中。这可能是因为部分公园管理者对居民和使用者的能力的一个错误估计，也是因为公园管理者缺少员工、表达方式和合作培训才没有办法配合当地的社会团体进行有效的工作（Borrini-Feyerabend 1997）。

对于社区参与和权利的讨论已经变得越来越重要，就像城市变得越来越种族多元化和在人口统计上更种族分化的情况一样（Gantt 1993）。过去的公园为白人中产阶级或劳动阶级邻近的地区提供了一个相对均衡的服务，现在，公园必须提供娱乐场所、教育场所和执行社会计划，来满足日益增长的多元文化和多类人群。由于当地政府没有能力为所有的居民提供适当的服务，市长和市议会成员，以及公园管理者和规划者对出现的问题很难进行解决，如公园资源的枯竭，邻里关系的恶化。我们已经从逐渐减少的市政资金的历史中了解到，当远远达不到对教育和医疗卫生的需求时，公园和遗产遗址使用政府资金的权利就被放到了后面。

在城市中增加文化的多样性是否可以被用来提高居民的生活质量的这个问题出现了（Gantt1993）。我们认为它可以通过当地的授权组织，在本地和国家的公园范围内来表达他们对其历史的要求。通过授权协会来要求把公园的资源归于自己名下并参与决策——其决策的过程包括，对公园的维护和规划分配资金和劳动力。公园的管理者与合作者联手，可以使公园吸引更多的人参与，具有良好的安全性和较好的维护状态。然而，城市管理者和公园规划者知道了更多关于邻里社区、文化群体以及他们的价值在改变过程中的不同需求，从而使文化群体的需要与可利用的资源更加准确匹配。

一些城市项目使用公众参与和授权策略来建立本地文化资源和公园办事处。例如，华盛顿、西雅图的"查尔斯顿原则"，它规定任何意见的更改包括对社会文化的规划过程，都要涉及广泛的社会成员——公共机构、公民和社会团体，教育工作者和学生，商业和经济利益，艺术家，团体领袖和文化组织这样所有的类型。因此，公众权力是任何规划和设计过程具有合法指令的一部分（金县地标和遗产项目，1999）。

另一个例子是"采取行动"，澳大利亚已经着手为社会在遗产项目中的积极参与制作了一本相关手册（Johnston and Clarke 2001）。运用相同的伦理道德和实际的观点。作者认为社区参与是否是民主参与的一部分，取决于一个项目是通过民选政府管理还是社区自己指挥运行。通过社区参与，可以做到以下几点：1）了解社会期望和价值观；2）发现社会的需要；3）了解当地和社区；4）分享观点；5）发现相同点与不同点；6）吸取更广泛的想法，最终创造出新的解决办法（2001，3）。约翰斯顿和克拉克的报告提供了一个与人和文化群体交流方法的清单，它是任何社区参与项目开始的极好指导。

其他的合作项目强调当地社区经常被公园规划，政府管理部门和当地政策所忽视。芭芭拉·哈里森（Barbara Harrison）（2001）总结了与当地群众和研究者在北美、新西兰以及澳大利亚一起工作的经验，对她在研究和应用实践中引导协同合作关系起到一定的作用。

公民的观念以及拥有的权利，成为了提出这些方案的基础。公民的自由概念定义了作为个人在民族国家里所拥有公民权利、政治权利和社会权利。但是这个定义是有局限性的，因为公民必须被充分考虑为是街区、地区、国家中的社区的一员和一个或者多个社会团体中的个体的一员。公民的权利应该被理解为是包括国家、地区、街区和社会不同层次的个人参与，从而产生了人与社会的多链状和多层次的社会政治关系模型（Yuval-Davis 1998）。

公民的大部分争论都是关于在一个国家生存所应享有的基本权利（一个人是否可以在此停留居住，不被遣返），工作状态，以及像选举权和社会福利这类权利与义务的问题。把这些相同的观念赋予到个人和群体的权利上，并对与其生活息息相关的空间、资源和服务进行参与决策。我们认为市民也应该关注个人和社会在决定他们当地开放空间和历史资源的成败上所扮演的角色。包含在社区参与和参与街区及地区的可持续发展生活的全部公民的权利，在公园规划过程中为社区参与和授权提供了另一个理由。如果把全部的社区和文化群体都包括在内，那么我们也赋予公民领导者和参与者继续促进该地区稳定和发展的权利。

不和谐遗产、负面遗产和政治意义

随着赋予社区和文化群体的权利，出现了一系列被 J·E·腾布里奇（J. E. Tunbridge）和 G·J·阿什沃思（G. J. Ashworth）（1996）称作"不和谐遗产"的问题和冲突。不和谐遗产这个概念来自这样一个观点，遗产是存在不同观点的历史所形成的当代产物。遗产的不和谐暗示了这段历史的不和谐，也暗示了它们表现过去的方式缺乏一致性（Tunbridge and Ashworth1996）。当事物、地点和景观有不同名字含义的时候，遗产的不和谐因素就表现了出来；最常见的是，这种不和谐存在于旅游业和宗教对一个地方的使用权所发生的冲突，或是政府和当地对这个地方所包含意义的解释所发生的冲突中（Graham，Ashworth，and Tunbridge 2000）。

创造任何一个遗产和增加的任何一个公园，"潜在的剥夺权和排除那些不同意的观点，或者接受，以及确定该遗产意义的条件"（Graham，Ashworth，and Tunbridge 2000，24）。这是一种常见的情况，多元文化社会的包容性取决于一个组织可以获得多少的政治和经济权利。尽管多元化社会在不断发展，但是遗产（和自然风光和建筑环境的许多其他方面）常常只反应主流文化。某些欧洲社会通常不承认他们以前的殖民地（Graham，Ashworth，and Tunbridge 2000），而白种美国人通常避免承认他们是奴役制的受益者以及早期是依靠奴役在种植园的劳作来生活。

肯尼斯·E·富特（Kenneth E. Foote）（1997）通过对一些潜在的暴力行为和悲惨事件的讨论，来对未解决的含义争论和旧政策这些问题进行研究。像这样的事件是美国生活的一部分，特别是在对待外来民族这部分人的问题上，如非洲裔美国人或西班牙裔美国人，美国政府对其表示出相当的宽容和接受（Foote 1997，294）。其他的一些悲惨事件，例如葛底斯堡战役，是作为了解美国历史的一个重要凭证。这种双重的趋势（或忽视或铭记）反映了美国人的对事件的矛盾心理——对我们进行团结和分裂，同时"美国的历史和景观被投上了一层不寻常的阴影"（Foote 1997, 294）。因此，传统的做法告诉了我们故事的各个方面并揭露了过去不协调的、有冲突的观点，那些产生的不和谐的遗产从来没有被接受过。但是，不和谐遗产的普遍程度对我们关于城市公园和公共空间的讨论是非常重要的，因为它为文化多样性和社会包容性如此重要的原因提供了另一个理由。对于不和谐的意义和他们的决定的协商，在形式上代表了所有的文化群体和社会团体，而它也是我们应该朝着努力的方向。

文化价值

历史的保护实践"价值"，就像用伦理、道德方法和思想来指导行动或是事物的特殊品质和积极特性被特定的人或团体所看到一样（Mason 2002）。社会学方法研究价值认为"广义的信仰是否是理想，或者说是否是可取，会影响到人们的行为"（Feather 1992，111）。在另一方面，像乔尔·莱夫科维茨（Joel Lefkowitz）（2003）这样的心理学家，定义价值为"人们认为是可取的行为准则和广义端状态中相对稳定的认知表现"（139，又见 151）；莱夫科维茨补充说明了价值情感和评价的重要性的概念，并为人们的行为和选择提供方向。在我们的讨论中，利用这些每个定义中的元素和概念去理解其背后的涵义和感情，是积极的还是消极的，人们把其归因于他们的生活、环境、行为举止以及整个世界。然而，价值在客体、行为或者自然景观中没有固有的形态，要视周围的环境而定，比如地点、时间和同伴，它们中的一个正在对价值作出判断。不同于心理学对于价值观的定义：一个人身上相对固定和稳定存在的，虽然会基于某个领域而相对固定，但是我们认为，大众的价值观就像水流一样是经常变化的。

"文化价值"指的是与人们的生活、环境以及基于文化联系和共同生活的行为相关的共享含义。它们经常被表述为价值判断，换言之，某事被视为坏或好，依据的是此事在某一时刻如何影响个人或群体的态度。这些价值判断通常表述为喜欢或不喜欢某人、某地或某物，其提供的信息涉及隐含的、未言明的文化假设、信仰以及举措。文化价值是我们的最佳指示器，它们让我们得以了解人们对诸如公园或遗址之类的风景有何种看法和感觉，能够指导人们理解公园的利用和废弃，地缘情结的具备或缺失，以及各种象征含义。按照兰德尔·梅森（Randall Mason）的说法，"社会文化价值处在自然保护的传统核心——某物、某建筑或某地具有附属价值，是因为它由于自身年代、美感、艺术性或与某个重要人物或事件相关而对人们或某些社会群体产生含义，或（要不然）对文化联系的过程有所贡献"（2002，11）。

我们要补充一点，那就是通过长时间的在一个地方居住、工作，或者讲述关于一个地方的传奇故事和参加一些能够使个人或群体与一个特定的地方产生关系的任何活动，我们可以看出物体、建筑和风景也被赋予了文化价值。这种"文化的场所依赖"（Altman and Low 1992；Low 1992）经常存在于人们和一些地点之间，特别是像公园、沙滩和遗址等这些地方，我们可以通过继续使用它们和利用它们唤醒回忆，来发现它们所具有的深层含义和文化意义。

当讨论文化价值时，我们需要重点关注这样一个问题——文化就是对各种目标在社会和政治这两个层面上的构建和控制。和文化特征类似的是，文化价值的属性没有必要定义成可被衡量或可被编纂，但是必须理解它们可协商、不固定、需要依赖环境的特点。一个街区的政治重要性能够被改变，是依赖于居民如何向不同的参与者展示他们自己以及自身的价值。社会政治构建的文化标签，如黑人、非洲裔美国人、白人、牙买加人或者海地人等，其从纽约市官员和规划人员那里获得不同的含义和得到不同的回应，在邻里间描述和媒体报道中以社区的形式积极地运作着（Low 1994）。然而，穷人和他们的价值观最易受到侵害，因为对于政府官员和私营企业家所下的定义和做的决策来说，地方选民在政治和经济上没有与其进行抗争的力量。

另外，文化的统治进程（它的思想和价值比其他的文化群体出众许多）比起可被视为与邻里或地区范围内的其他文化群体相关的定义，更能维持对中层 – 上层 – 中层 – 白色阶级的价值的控制（Lawrence and Low 1990）。规划者、管理者、行政人员和国家公园管理者的价值观也具有统治性，因为在他们心中有个根深蒂固的观念，就是专业人士要比当地社区的居民掌握信息更全面。然而，当那些上层人士和专业人士在对城市空间进行安排和规划时，他们对景观的选择通常不符合当地使用者的需求。

文化价值及其在公园规划和整修过程中的体现，决定了生产项目将会在社区的一个特定位置运作。在第三章中提到的"普罗斯佩克特公园"是一个当地文化价值无须符合公园管理者、整修决策者和投资资金者这些所谓的价值判断的专业人士对公园未来决策的绝好例子。对于公园资源加剧了权利关系的不平衡以及种族和阶级的冲突已经有了证据，那就是他们是依靠专业知识，而不是认真对待文化价值来对公园进行管理和整修。另一个关于理解文化价值重要性的例子在第四章，埃利斯岛大桥（Ellis Island Bridge）的提案。历史主义保护者不明白为什么给当地居民建立这座桥如此重要，直到他们得知黑人社区的许多大家庭在游览公园所用的花费时才明白其中的原委。原本 7.5 美元的船票因为十口之家而变成了 75 美元，这使得这些家庭不再游览公园或者参加一些活动。

文化多样性的优势是什么？

乌尔夫·汉内斯（Ulf Hannerz）（1996）认为，在当今多样化的价值如此的根深蒂固，这对于文化的讨论很难去清晰地反映。所以他提供了一个被他自己称作"多样性的七个论证"的观点，其中有许多基本的依据来证明多样的文化对我们生活的重要性。他的观点包含了许多我们讨论并增加的和我们没有强调过的一些理论，他认为文化的多样性极其重要，因为它提供了：

1. 个人文化的精神权利，其包含了个人文化遗产和文化认同；
2. 一种对有限环境资源的不同取向和适应的生态优势；
3. 一种通过上层人士，不平衡的权力和抵抗依赖关系的方法来抵制政治和经济垄断的文化形式；
4. 对不同的世界观，思维方式以及在他们自己权利下的其他文化的审美意识和愉悦经历；
5. 不同文化之间的对抗的可能性可以引起新的文化进程；
6. 创意的源泉；
7. 用知识检验处事方式所需的资金（Hannerz 1996，56—57）。

我们想补充一点，注重文化的多样性同时也导致了社区和市民的权利增大以及人们对其社区和工作场所进行管理和维护的复杂程度加大。它扩大了市民个人权利的概念——包括个人文化和 / 或群体文化，并且在景观中标识出了其重要性。我们还要补充说明的是，创造力是通过文化的联系和交流、相互之间的合作、冲突和对抗的解决体现出来的。因此，文化的多样性、有效利用性和真实性引起了更多的民主实践和建立了人们所在地区之间的和平关系，特别是，如果所有群体中成员的要求、渴望、空间需求、工作资源、日常生活和娱乐活动都能得到相同的重视，那么这种情况将会变得更好。

通过宣称理解文化多样性和社区价值观是对一个成功的公园海滩或遗址是多么至关重要来结束我们的引言。评估社会和文化价值仍然是监测邻里和区域变化的最好方式。每一个案例的研究都强调了一种城市大空间规划的经验。例如国家独立历史公园致力于文化表现和当地群体参与的影响，但是每一个案例也包含了所有的经验。任何复杂的城市空间都例证了一部分原理，并且还有我们没有检验过的。

这本书开始了一场社会科学家、人类学家、环境心理学家和决策者之间的对话，他们指导、设计、规划和管理我们的国家公园、海滩，以及文化遗址。其目标是以我们的研究经验为大多数人营造最好的城市公园。公园为城镇居民提供了一个远离居住区的地方，这是对他们的身体和精神健康必不可少的福祉。对于穷人和工人阶级居民来说尤其如此，他们没有庭院，更不用说度假别墅，在那里他们可以休息和娱乐。我们希望这些经验和研究可以帮助他们改善和促进这些对社会重要并且环境优美的地方——城市公园、海滩及纽约和东北部其他地区的文化遗址。

本书框架结构

本书包含的研究案例来自我们对国家公园的服务园区、海滩和文化遗址的调查：埃利斯岛大桥案例（第四章），国家休闲区的雅各布 · 里斯公园（第五章），国家独立历史公园（第七章），以及两个来自在纽约市公园工作时的案例：普罗斯佩克特公园（第三章）和佩勒姆湾公园（第六章）。第八章提供的人种学背景和特定的人类学研究技术用于为那些对在他们自己的公园和社区中开展这类研究感兴趣的人收集数据（结论回顾了在城市公园中，我们确认为促进、维持、管理文化多样性的六个教训，并反映了在长期的城市公园政策研究项目中所学到的理论）。

第二章 城市公园
——历史和社会背景

　　正如迈克尔·布里尔（Michael Brill）(1989)，萨姆·巴斯·华纳（Sam Bass Warner）
(1993)，也许还有其他人注意到，自从公园在19世纪初的北美出现起，公园的种类成倍增加，
许多种类的公共空间都属于"公园"这个总称，本书的案例研究了一系列的城市公园：一个
景观公园，两个康乐海滩休闲公园以及两个历史公园，这些公园案例来自纽约和费城，都同
属于一个国家范围。本章提供了美国不同类型公园历史的比较分析。

　　美国的第一个城市公园相对来说是一个并不完善的公地，原本预留空间用于畜牧和培训
民兵。纽约最初的公园是现在严格控制的市政厅公园。波士顿公园也许是这种类型公园的最
好的例子，最初预留用于畜牧的地方只维持了6年。波士顿公园一直保持着44英亩的面积，
非正式的朴素的殖民地共同的符号。笔直地铺设两边是长凳的道路，在土地上形成十字交叉
的形式，使人们在游览城镇时很容易穿越，大树遮盖了长满草的地面，没有灌木、观赏树木、
花坛草或其他植物品种丰富景观。公园有最基本的游乐设施的：网球场，球场，儿童游乐场，
和季节性滑冰场。像纽约和其他地方的许多小城市广场一样，波士顿公园更多的是城市空间
的延伸而不是逃离城市的地方。周围没有植物遮蔽附近的城市景观。而且，该地点的特色中
的很大一部分来自可见的地面毗连建筑物。

　　在19世纪早期，波士顿广场中几乎没有公园的样子。在19世纪20—40年代兴起了一场运
动，为住在附近走在时尚前沿的市民建设了一条林荫小路（Domosh 1998）。正规的道路和绿树
成荫的海滨长廊就是在那个时期开始，并且标志着以畜牧为主的生活方式的结束。在这个时期
对整个新英格兰地区、纽约州、宾夕法尼亚州、俄亥俄州的粗犷的开放空间和城镇广场都进行
了一系列类似的改造。费城原来的五个广场在那个时候同样缺少绿化景观，当后来修建了小路，
种植了树木以后才得到改善。今天，里滕豪斯（Rittenhouse）广场的功能就像波士顿广场那样简单，
中心开放空间完善了城市中心区。人们休息或散步，躺在草地上玩球或听音乐。这些简单朴实
的地方接近美国东南部并影响到拉丁美洲广场。J·B·杰克逊（J·B·Jackson）(1984)强调，
这些城市广场基本上具有政治性质：人们处在这样一个广场会自然而然意识到自己是城市的公民。

景观公园

城市景观公园，始于纽约中央公园，且有完全不同的起源。它通常大于一般的广场和公共用地，参照严格的审美方式，模拟理想化的英国和北美乡村，把它设计成为远离城市的庇护所。布鲁克林的展望花园，就是一个最好的例子，它占地面积 526 英亩，其中包含了注册牧场，森林，聚集场所，地表水系统，车道和人行道。弗雷德里克·劳·奥姆斯特德（Frederick Law Olmsted）和卡尔弗特·沃克斯（Calvert Vaux）于 1866 年开始联合设计，几年后，产生了他们的第一个也是最著名的一个成果——中央公园（Central Park）。不同于以往的城市广场，展望公园使周围的城市在一定高度的视线之外，且周围密密麻麻地被土狭道所覆盖。

普罗斯佩克特公园是一场公园运动的结晶，这场开始于 18 世纪 40 年代的运动席卷了北美将近 50 年时间。这场运动与哲学、神学和民族主义息息相关。它的哲学基础是浪漫主义和对自然及自然风光有能力去提升和储存人类精神的信仰。浪漫主义在 19 世纪 40—50 年代产业资本主义在城市迅速发展、移民住房拥挤、工厂生活、流行疾病和烟雾的影响下产生。浪漫主义表现为多种形式，其中之一就是园林景观。景观规划师力图安排最佳品质的自然环境，以得到一个安静的休息地。花园中所体现的浪漫感在于提倡一种源于自然的模仿，拒绝曾经占主导地位的直线视角的巴洛克式风格。

新公园有几个先例，包括英国的新建公园，许多较古老的欧洲城市皇家花园都已面向公众开放，同时还有像马萨诸塞州剑桥的芒特奥本（Mount Auburn）那样的乡村墓地公园。芒特奥本的设计者立志设计出一种具有"风景画的视觉效果"的景观，即由蜿蜒曲折的田园小路、黑暗的树丛、池塘、空地、观赏树木、灌木和花卉组成（Von Hoffman 1994，73）。墓地公园的设计理念很快得到传播，从而使得布鲁克林的格林伍德公墓（Green-Wood Cemetery），费城的劳雷尔希尔公墓（Laurel Hill Cemetery），芒特奥本公墓及其他的墓园顷刻变成了居住在城市的中产阶级远足和野餐的胜地。乡村墓地在显示具有浪漫主义的蜿蜒小径、树木丛、池塘、美丽景观方面是城市景观公园的一个重要先驱。这些墓地激发了公众对大型公园的渴求。

对比传统的休闲公园，景观公园与发展着的正式公园并存。这样一个传统景观的建造是无计划的，但却是普遍流行的开放空间。在类似于小型城镇和发展中城市这样的地方，非正式开放空间仅存在于发达地区，供远足、聚会、野餐、运动和游戏使用。这些空地很难用文件证明，因为不是正式的开发、指定或设计，而且很久之前就让位给城市的发展。杰克逊（1984）对比 19 世纪中期正式的城市公园，最典型的特征就是，公园大都非常漂亮但缺乏游人，并且城镇外有片生机勃勃的树林，通常还会临着一条河流。那里绿树成荫，芳草萋萋，市民在周日的下午聚集在一起参加各种非正式的活动。这些地方成为大城市外的大部分工人阶级的胜地，避免了许多城市居民苛刻的评价："他们拥挤、喧闹而且有时还很粗暴"（Jackson 1984，114）。最强烈的对比是，新兴的景观公园代替了古老的贵族花园成为了最普遍的游戏场所，它是一个适合大众锻炼，游玩，享受和参加社区生活的大的城市空间（Jackson 1984）。

另一个传统是商业游乐场。纽约有许多大众游乐场：罗森茨魏希（Rosenzweig）和布莱克默（Blackmar）（1992）所引用的尼布洛（Niblos）宫廷花园和哈勒姆花园（Harlem Gardens）在 16 大道 14 街。琼斯·伍德（Jones Wood）把沿东河第 61 街看做是中央公园

图 2.1 普罗斯佩克特
公园的罗马风建筑细部

的一个部分。新泽西州霍博肯提供了一个快乐的领域,在那里第一次有了棒球这项活运动。
这里有平坦的开场空地,同时还可以看到哈得孙河的广阔美景。另一个短途旅行的热门景
区是坐落在斯塔滕岛的新布莱顿(New Brighton)。伦敦也有属于它自己的游乐场,坐落在
沃克斯豪尔花园(Vauxhall Gardens),拉尼拉格公园(Ranelagh)和科里芒公园(Cremorne
Gardens)之间(Whitaker and Browne 1971)。哥本哈根的蒂沃利花园(Tivoli Gardens)是少
数保留到现在的公园之一。

　　游乐场是"各种形式的艺术和装饰自由的混合在一起,创造的一个能反映大众对新奇事
物和消遣方式的渴望的娱乐性场所"。这种折中主义风格以雕塑、喷泉、石窟、凉亭、艺术展览、
提供茶点或表演的帐篷为特色。"充满活力的人群在成荫的树林或是先前庄园公开的牧场以及
绅士们的乡间别墅中,忙于野餐、庆祝和活动"(Rosenzweig and Blackmar 1992,104)。

　　在中央公园设计期间,许多纽约人希望建造一个综合了游乐场的审美观和英国传统自然

风景园林艺术的乡村墓园。[1]大部分公园的支持者，仍然把这种商业游乐场的折中主义看做是粗俗的象征。至于中央公园是否愿意采纳英国公园风景画式风格或法国和德国公园的那种典型的几何风格，取决于一些园林设计师和其他有经验的倡导者的态度，他们表示中央公园势必坚持严格的审美标准。

尽管这是针对各个阶级而设计的有益的娱乐活动场所，景观公园却是按照中产阶级的标准而建造的（Taylor 1999）。中产阶级礼貌的行为和优雅的举止与环境紧密结合，并应用于景观设计中，这就使得工人阶级自然而然去效仿他们。如果效仿不到位，广泛的监督和强制措施可以有效减少不适当的行为。另外，除了积极运动，工人阶级在19世纪还经常涉及酗酒、闹事、权利的示威和粗暴的行为，并以单调、无聊的工作作为补偿。在刑事定罪上工人阶级行为和中产阶级的习俗经常发生冲突（Taylor 1999）。

运动的传播

一些北美的公园由奥姆斯特德和沃克斯或奥姆斯特德与其他合作者共同设计，包括富兰克林公园（Franklin Park），波士顿的阿诺德植物园（Arnold Arboretum），布法罗的特拉华公园（Delaware Park），纽约罗切斯特（Rochester）的海兰（Highland）和塞内卡（Seneca）公园，密尔沃基（Milwaukee）的莱克公园（Lake Park），美国肯塔基州路易斯维尔（Louisville）的切罗基（Cherokee）、易洛魁（Iroquois）和肖尼公园（Shawnee parks），还有芒特罗亚尔公园（Mount Royal Park）。奥姆斯特德同时也设计了很多其他的景观——住宅小区，一个完整的郊区（Riverside，Ill），大学校园，墓园和私人庄园，包括北卡罗来纳州阿什维尔的比尔特莫尔（Biltmore）。有很多城市的公园设计都与奥姆斯特德的设计有很多共同处，相传这些都是他儿子、继承人或兄弟们的作品。

这些早期的公园像许多后来的公园项目，设计并建造在废弃的土地上，而不是建设在具有高景观性和生态价值的风景区里。奥姆斯特德同当时的其他人想要建造一个脱离自然材料的社会空间。湖泊、溪流、瀑布以及牧场成为建造中央公园的巨大消费的一部分，比如，用爆破岩石后露出的岩层去建造水平宽阔的牧场的花费。公众生活所需的必备场所也要被考虑进去：车道，音乐林，散步广场，餐厅和船库。

奥姆斯特德通过他自己的努力来维持公园在自然状态下的平衡，阻止给娱乐设施更多空间的要求，希望把这些空间留给博物馆、动物园、纪念碑和纪念馆使用。赫克舍（Heckscher）（1977）展示了圣路易斯森林公园是怎样被这类设施填满的。由奥姆斯特德的追随者设计，是一个安静的奥姆斯特德风格的曲线形设计，户外的，小树林的，这个公园被改变成充当1904年的圣路易斯博览会的地点。许多树木被砍伐，只剩下一座展览馆。"从那之后，每当一个新的机构被建立或新的娱乐场所被提出，森林公园作为自然场所来安置。今天，公园拥有一个动物园……一个美术馆，一个天文馆，一个滑冰场，市政歌剧院和三个高尔夫球场，同时拥有足够大的空地作为停车场"（Heckscher 1977，176）。近年来，森林公园经历的一次综合性的重建工程，目的在于使市民机构和娱乐设施中融入一些自然感觉（*Landscape Architecture* 1998）。

公共保护区和州立公园

佩勒姆湾公园是这本书中所要讨论的另一个纽约景观公园，它是第一批由景观公园转变为城市公园很具代表性的例子。这原本是美国波士顿地区的城市森林保护，在19世纪90年代由奥姆斯特德事务所的一个合伙人——查尔斯·艾略特（Charles Eliot）开辟出来。奥姆斯特德为波士顿地区所做的一系列公园项目，在城市范围内通过景观车道或"公园道路"与城市连接。奥姆斯特德的波士顿方案秉承了这一理念，他认为城市需要的不仅仅是单一的公园，而是一个能够使所有的居民在走路时都能感受到自然风光所带来的享受的公园体系。艾略特和其他人在试图为整个都市区创造一个公共场所体系时产生了这个想法。在土地收购过程中，国家公园委员会强调土地的固有自然景观价值，致力于建立一个对公众开放的大型的林地和水浇保护区。他们将其通过一系列的公园大道和林荫大道（19世纪90年代还没有汽车）与城市的核心相连。委员会收购的第二个重点是沙滩和海岸。在沿海地区建立公共预留地的大部分工作是收购和拆除那些沿着公园道路布置的私人建筑（Haglund 2003）。

像波士顿这样的城市保护区，或者更大一些的芝加哥森林保护区，它们在保护现有景观而不是创造理想景观方面不同于早期的公园。艾略特建议进行细微的修改，例如：砍掉一些遮挡了山谷美景的树木或者为其景观价值而维护现有的空地。有轨电车公司修建电车轨道是为了把缺少交通工具的城市居民带到城市的保护区。但是，这些主要的地方还是没有被改进。他们有时会产生一种设想——茂密的"树林"可以吸引非正式的活动和社交聚会（Jackson 1984）。

通过公开收购保留景观土地的这个想法，导致了全国的州级和县级公园的产生。如今，每个州都有一个公共休闲绿地系统，通常建设在具有休闲娱乐潜力的地方，拥有一个或多个特征，比如，珍贵的森林资源、山脉或者崎岖的地形，抑或是拥有迷人水景。这样的公园可以供人们进行远足、野餐、游泳、划船以及钓鱼等娱乐项目，有些地方甚至可以进行宿营活动。

当加利福尼亚州于1866年在约塞米蒂山谷和马里波萨大树园（Mariposa Big Tree Grove）建造了一个州立公园后，就掀起了一场关于州立公园的运动［晚于约塞米蒂国家公园（Yosemite National Park）］。政府参照奥姆斯特德提交的部分报告采取了行动，使那些还没有接触过这些自然资源的大多数市民见到了如此壮丽的景象，从而鼓励他们提升自己的健康和精神水平（Newton 1971）。

在1885年纽约市建立尼亚瓜拉瀑布自然保护区以前，约塞米蒂公园一直是美国的唯一的州立公园。同年，在阿迪朗达克山脉（Adirondacks），关于过度砍伐森林的公众舆论在不断增多，纽约立法机关建立了阿迪朗达克森林保护区，来保护阿迪朗达克地区其余的国有土地不被卖给砍伐者。这个法案提出了在保护区内的土地将"永远作为原始森林"（Terrie 1994，92）。据说，这片拥有本州河流源头的土地将被保护，并且这里的木材将按照科学的方法进行管理。在1895年的宪法大会上，保护者运用了激进的手段，增加了一些以确保自然保护区内的树木不会被贩卖、移动和破坏的条款。

其他早期的州立公园包括1891年的莱克艾塔斯卡州立公园（Lake Itasca State Park），它是密西西比河的一个源头，还有 1895 年在新泽西州埃塞克斯县（Essex County）成立了第一个县级的公园组织。1991 年在伊利诺伊州建造了斯塔弗德岩石州立公园（Starved Rock State Park），1907 年在威斯康星州成立了州立公园局，1912 年在康涅狄格州成立了州立公园委员会（Newton 1971）。总之，建设州立公园的推动力在于公众的享受和娱乐而非改善环境质量。在国家公园管理局的领导者斯蒂芬·马瑟（Stephen Mather）的大力推动下，州立公园运动在 20 世纪 20—30 年代取得了巨大的成效。到那时，国家公园体系中已经包括了许多非常有名的成员，像黄石国家公园（Yellowstone）、约塞米蒂国家公园、格拉西尔（Glacier）国家公园、大峡谷（Grand Canyon）国家公园和火山口湖（Crater Lake）国家公园以及其他的公园。随着私家车数量的大幅度增长和交通日趋便利，公众对游览那些公园越来越感兴趣，他们更多的是出于娱乐休闲目的，这也使得人们开始担心对国家公园资源的过度使用。因此，我们希望能有一个很好的分配制度，既能使国家公园满足人们对娱乐休闲的渴望，又能对国家公园资源的过度使用起一个缓冲作用（Newton 1971；Cutler 1985）。

佩勒姆湾公园在布朗克斯区，属于这个时期的公共预留地而不是早期建设的公园。选择这里原因是由于海岸线的景观价值以及它的位置邻近长岛海峡，这个公园合并了几个富裕家庭的庄园。其中一处是巴托—佩尔大厦，并且还一直保留了它的花园。佩勒姆湾公园占地 2700 英亩，在纽约市的所有公园中是面积最大的一个。

26

这个公园最有名最吸引人的地方就是它有一个月牙形海滩，并且在海滩对面有一条滨海大道以及大规模的娱乐设施。包括海滩本身在内的这些工程项目都是由罗伯特·摩西（Robert Moses）的公园部门在大萧条时期罗斯福新政的支持下利用可用的联邦资金建成的。这个海滩和这些邻近的娱乐设施占用了一个垃圾填埋场，这个垃圾填埋场连接了两个最大的近海岛屿。公园中包含了森林和湿地，还有两个高尔夫球场、野餐场地和马场。

凡科特兰公园（Van Cortlandt Park）在布朗克斯区的北部中央，与佩勒姆湾公园有着相似的历史。这个公园保留了许多岩石地貌的林地和河道岸线，以及殖民地时期凡科特兰公园遗留下来的建筑和土地。在这 1146 英亩的土地上，凡科特兰公园拥有国家最老的市政公用高尔夫球场、自然步道、田径场、游泳池和体育馆。这两个布朗克斯区的景观公园都创建于 19 世纪末，坐落于远离国家遗产的土地上，最近被纽约市的韦斯特切斯特县（Westchester County）兼并。这两个布朗克斯区的公园是城市整体规划的一部分，规划者将在对布朗克斯区广泛的人口增长预测的基础上规划街道和公园道路。在开始的 40 年里，佩勒姆湾公园大多按照使用者以及公园部门的决策建造成具有当地风格的样式。正如第六章中所描述的那样，这个公园有一段关于帐篷殖民和花园式建筑群的引人入胜的历史。直到 20 世纪 30 年代中期的 WPA 年，市政府才开始在奥查德海滩（Orchard Beach）附近建设大规模的野餐场地和田径运动场以及游泳场馆。

娱乐设施公园

20 世纪 20—30 年代，代表着第三个市政公园时代的到来，它始于世纪之交并强调娱乐设施的重要性。娱乐设施公园使人们想起了基本上已经建成的奥姆斯特德公园。然而，其氛围完全不同于景观公园或是公共保护区。景观公园和森林保护区为游客提供了一个与自然沟通的场所，这要比娱乐活动的形式好得多。娱乐设施公园在20世纪之交的进步主义运动中有一定的根基。那个时代的改革家们认为公园规划者需要站到一个积极的立场上，给城市居民，尤其是儿童带来有益健康的娱乐活动。在游乐场提供专业的游乐空间和设施以及配备专业的游乐向导的这个目标已经实现了。那时奥姆斯特德已经于1892年在波士顿的西部设计出了一个"露天体育馆"，但是景观设计师们仍把芝加哥当做是游乐场运动的发源地（Newton 1971；Cranz 1982）。奥姆斯特德兄弟为芝加哥南公园区所设计的社区公园，成为在专业管理下提供结构化的娱乐设施的小规模长方形的公园模型。

20世纪30年代联邦政府开始资助当地园区的建设，这使得娱乐设施公园的建设快速发展。在罗伯特·摩西的领导下，纽约市获得的联邦公园建设资金远远多于其他的城市。标准化的游乐场蓬勃发展，游泳池和海滨公园亦是如此。出自摩西之手的佩勒姆湾公园（Pelham Bay Park）里的奥查德海滩就是一个很好的例子。海滩本身就是完全通过填补潮间带区域，使前面的两个小岛与大陆半岛相连而形成的。这个公园以月牙形的海滩和滨海大道为特征，海滩沙是从40英里外的地方托运而来的。这个滨海大道可以通往手球场和篮球场。两栋宽敞的建筑——"闪光餐厅"和海水浴场更衣室——坐落于滨海大道的中心位置（Cutler 1985）。一条岔道穿过佩勒姆湾公园的森林将游客带到海滩附近的一个巨型停车场。然后，又会有一条景观林荫道引导游客从停车场来到海滩和更衣室前。在海滩的两端和手球场/篮球场的后面有一个山坡，它被规划成可以摆放桌子和烧烤架的野餐场所。在这里进行烧烤的家庭可以站在这个高度来观赏远处的海滩和长岛海峡。

雅各布·里斯公园（Jacob Riis Park）是同时期的产物。它坐落于罗克韦（Rockaway）堰洲岛（纽约皇后区的一个半岛）的海滨沙滩，罗斯福新政时期，里斯公园在由罗伯特·摩西创建的公园建设体制下被重建和扩大。摩西作为政治权力的经纪人，其在20世纪中叶纽约的具有里程碑意义的事业被罗伯特·卡罗作了不恰当的描述（1974）。摩西拥有个人抱负，他在制定法律方面很有想法并且对大规模城市规划非常感兴趣。摩西通过罗斯福新政首次抓住了建设的机会后，又利用第二次世界大战后的联邦高速公路项目和房地产项目成为了纽约市和长岛地区的规划和建设的独裁者。他的记录，包括居民住宅项目，公园大道和州际公路，穿越本港海域的六个主要桥梁和隧道，数以百计的公园和游乐场项目，以及1939—1940和1964—1965的世界博览会项目。

从20世纪30—50年代，纽约周围公园的选址和设计在大多数情况下都是由摩西作出选择。他喜欢海洋并且享受在海洋中畅游的感觉。摩西对纽约长岛海湾和礁岛的热爱激发了他建设一个面向大海和海湾的景观公园道路和华丽的海滨公园体系的灵感。里斯公园的设计和布局以及奥查德海滩公园的规划得益于摩西的首次最出色的海滩工程，琼斯海滩（Jones Beach）坐落于弗里波特（Freeport）长岛附近的堰洲岛上，并在1929年对外开放。

在建设琼斯海滩之前，海水浴场更衣室大都是具有特殊功能的木质或混凝土的建筑。水塔建在了海滩的高处。公共海滩沿岸通常会布置一些小吃店和其他零碎的商业景点和娱乐设施。在设计琼斯海滩时，摩西提出了一个把海滩与宽敞、优美的公园相结合的想法。托尼斯的中心水塔被设计成了威尼斯的圣马可教堂钟楼的样子。这两个海水浴场更衣室包含有餐馆和小吃店、屋顶花园、淋浴室、更衣间和大型泳池。这里的每一个项目都采用了摩尔式和装饰艺术派的风格，并且使用了昂贵的建筑材料和复杂的建筑装饰。并将其应用在所有的海滨走廊、景观大道、游戏区、草坪和树林野餐区（Newton 1971；Caro 1974）。游客想要到达琼斯海滩可以通过由摩西设计的长岛风景大道到达，还可以沿着礁岛海湾过去。

里斯公园和奥查德海滩都不是按照琼斯海滩的样式建造的，但是它们都是由摩西所选择的建筑设计师在琼斯海滩建成不久后设计出来的。特别是里斯公园与琼斯海滩在精心设计海水浴场更衣室、景观步道、宽敞的游乐场和游戏区都十分相似，它们都面对着广阔的海滩。所有的这三个公园的设计都是为了迎接汽车的到达，因此也都提供了足够的停车场。

国家公园和遗址

在本书的目录里，从地方政府和州立公园到对国家公园系统的讨论，里斯公园为其提供了合理的过渡。最初的市政公园，里斯公园和盖特韦国家游乐区（Gateway National Recreation Area）在 1973 年同时成为国家系统的一部分。

盖特韦在国家公园中是形式比较新颖的一个案例，因为它把很多不同的空间都结合在一起。在牙买加湾占地 26000 英亩的盖特韦公园包括岛屿、湿地和海域，海湾的最西段把长岛的南端从堰洲岛分离出来。在整个纽约市区范围中，牙买加港湾是一片完全退化的水域。因为不正确的选址，城市垃圾过滤后的污染物排放到海湾附近的水域，而且许多具有自我净化功能的湿地岸线已被城市发展所占用，其中包括肯尼迪国际机场，污染让海湾泥滩依法关闭对贝类的捕捞。尽管如此，为了生存，大量城市密集地的河口，牙买加港湾是一个十分重要的生态资源。盖特韦的建成，在某种程度上维持了港湾作为野生动物栖息地的存在，其中具有重要意义的特点是牙买加湾野生动物保护区的建成。

盖特韦在堰洲半岛两边包含两大区域，即皇后区的罗克韦和新泽西州的桑迪胡克（Sandy Hook）。这些半岛是军事装备基地，皇后区的蒂尔登堡（Fort Tilden）和桑迪胡克的汉考克堡（Fort Hancock）。雅各布·里斯公园坐落于罗克韦滩接近蒂尔登东部。盖特韦还包括另两个军事设备基地，弗洛伊德·贝内特机场的前身海军空军驻地，位于牙买加港湾边的填补陆地上。斯塔滕岛上的瓦格纳堡是 19 世纪两个保护纽约湾海峡顶端到接近纽约湾的其中只一个屏障。

像盖特韦一样的国家休闲区列举了国家公园系统目标的扩展程度，自从 1872 年该系统的第一个单位国家黄石公园开始。这个使命不止用于公众享乐，而且用于保护自然和历史资源。国家公园的建成时有三个目的：1）风景价值；2）科学价值；3）历史价值（Newton 1971），但是多年以来，这三个价值的阐释却发生了变化。风景的价值在国家公园特点的选择上是显而易见的，就像约塞米蒂国家公园；尽管黄石公园，克雷特湖公园，雷尼尔山公园等等在自然科学调查中占有重要地位。

重要历史和史前遗址的保护开始于美国亚利桑那州的卡萨格兰德（Casa Grande），在 1892年被指定为"废墟保留"。这种强有力应该去保护从盗墓者和亵渎者手中夺回来的南部的美国印第安人遗址的意愿越发强烈。这些关注导致了 1906 年的古文明之战，它使理事长有权在联邦国家保留"历史遗迹，历史上或是史前文明的建筑，还有其他具有历史或是科学价值的物品"作为"国家遗迹"（Mackintosh 1991，13）。上古行动（Antiquities Act）被用作是保护很多具有史前意义的遗址，虽然，最好的遗迹科罗拉多州的梅萨维德（Mesa Verde）国家公园在同年 1906 年被国会拆分做国家公园。

国家公园系统直到 1916 年依靠美国军队部署才有专门的管理服务。公园专有服务的缺乏导致了 20 世纪电镀环境危机：旧金山关于控制塞米蒂国家公园的赫奇赫奇山谷（Hetch Hetchy Valley）的为市政提供水源的请求在 1913 年得到批准。赫奇赫奇山谷的"抢夺"同杰出的加利福尼亚人发生战斗，包括塞拉俱乐部的创始人约翰·缪尔。战斗的失败，一些积极分子，包括志在建立联邦公园服务的芝加哥商人斯蒂芬·马瑟。威尔逊总统于 1916 年签署的法例内设立内政部国家公园管理局，并任命马瑟为首任局长（Mackintosh 1991）。

1933 年之前，在美国的东部有许多国家公园，大体上联邦政府在密西西比河的东部拥有很小部分的土地。阿卡迪亚（Acadia）和大雾山（Great Smoky Mountains）这两个早期的东部公园大部分构建源于私人地主的捐赠。管理局的第二任局长贺拉斯·奥尔布赖特（Horace Albright）励志在对历史军事遗址的探求上增加系统的存在感，直到后来被美国陆军部负责。奥尔布赖特使新上任的罗斯福总统相信通过这个方法，并在 1933 年整顿了一大批的杀戮战场、遗迹和历史古迹，之后再分配到国家公园管理局（Mackintosh 1991）。这次整顿包括美国自由女神像。

在早期都市国家公园管理局的计划中，像 1935 年被史迹法批准的密苏里州圣路易斯的"国家扩大纪念馆"，和塞勒姆海事国家历史古迹，1938 年在圣路易斯场地的工作根本没有达到保护的顶点，而是在 20 世纪 60 年代，在场地中清除并建设沙里宁的盖特韦拱门（Gateway Arch）。1948 年国会批准另一个城市环境中主要的历史项目，独立国家历史公园。如第七章阐述那样，独立纪念碑确实保存了一些重要的与独立宣言相关的遗址和物品，尽管它涉及了大量当时不能被视为有价值的旧楼的拆除工作。

为了将它的领域更进一步的扩伸到人口密集的东部，19 世纪 30 年代，国家公园管理局倡议建立国家海滨公园和都市游乐场，甚至一个国家海滨公园，哈特勒斯角（Cape Hatteras），是第二次世界大战前成立的。科德角国家海滨（Cape Cod National Seashore）在 1961 年建立，随后的加利福尼亚州的雷伊斯角（Point Reyes）在 1962 年，纽约州的法尔岛（Fire Island）在 1964 年，靠近芝加哥的印第安纳沙丘国家湖岸（Indiana Dunes National Lakeshore）在 1966 年相继建立公园（Foresta 1984）。

国家海滨公园的进展同时也是对战后一段时期郊区发展的回应。国家海滨公园将会阻止在其范围之内那些罕见的自然资源的过度显影。国家海滨公园仍然和人口密集中心有一段距离，许多地方不安因素也越长越烈。先进的计划是在 20 世纪 60 年代末和 70 年代的一个国家公园的新形式——"儿童游乐场"。 约翰逊总统和尼克松总统都很赞成这个主意，他们的内政部长也是这么做的。儿童游乐场最初被计划在纽约和旧金山。纽约盖特韦国家档案登记处和旧金山的金门海峡国家档案登记处。尼克松总统看到作为州、县和市政公园项目的两个示范工程。他称之为东盖特韦（Gateway East）和西盖特韦（Gateway West），并希望以此建立单个工程的效果。其他州很快也对国家儿童娱乐场有需求，新的国家档案登记处也跟随克利夫兰南部的凯霍加谷（Cuyahoga Valley），在亚特兰大的查特胡奇河（Chattahoochee River），还有安杰丽斯的圣莫尼卡山（Santa Monica Mountains）（Foresta 1984）。

目的和选区／赞助者

刚提及的课题使公园在特性和目的方面有很大不同。很多市政公园是供娱乐消遣的，国家公园里珍藏着很多国家认同的事物。黄石公园和其他的国家公园保存了象征性的风景面貌。很多以爱国和历史为主题的景物被编码在西部公园；发现和探索的事物、战利品、开拓和西部扩张、自然和荒原价值、国家的雄伟、顽强的个人主义等。

尽管其处理建筑环境、国家遗产，像是独立国家历史公园、自由女神像和埃利斯岛。国家纪念物在保护国家象征和历史事件的公众教育方面也有相似的使命。这些地方不是真正的公园，也不是奥姆斯特德的一个观念，即在传统公园的娱乐设施供给方面做得很少。但是，一开始，国家公园体系就保留了很多历史遗迹并给公众解释。

盖特韦国家儿童游乐场，代表了国家与地方公园的一种融合。国家档案登记处保存具有重要意义的环境资源，但是他们像市政公园一样强调娱乐。这些公园把国家公园系统的资源带到城市人群，否则不会有国家公园的经验，而不是仅仅作为一个公园预留空间。国家档案登记处由私有财产匿名收集组成，包含剩余的军事设备、自然保护区和以前的当地公园代理地。盖特韦也包括居住的"私有土地"——即使团体，例如布里奇波恩特合作社也证明了获得公园管理局政治上支持都是困难的。

纽约，在 20 世纪 70 年代面对极大的预算压力，以盖特韦形式的国家公园服务中心渴望转让公园设施。除了里斯公园，约翰·林赛（John Lindsay）市长希望通过政府的财政占有康尼岛（Coney Island）。里斯公园在 20 世纪 70 年代早期需要进行修理，并且城市乐意对它进行返修。在盖特韦计划启动之前，公园服务部门制订的前期规划提议清除布里奇波恩特地区几乎所有的建筑物和道路，包括蒂尔登堡，私人布里奇波恩特合作社，里斯公园老化的设施。规划师设想大规模的完整的新娱乐公园：宽阔的游泳海滩，露天剧场，高尔夫球场，游戏场，环境教育建筑，停车场和"创造性开放空间"。新渡轮为两个渡口服务，宽阔的通道通向沙滩（Foresta 1984）

在多年以后，1979 年的设计展现出一个大幅减少的现象。罗克韦当地的白种人团体及皇后区和布鲁克林附近的地区都计划抵抗预期大量游客的热潮。60 人成功快速成为邻居，并在邻居中有白种人家庭，保护着他们的草坪和财产价值，保证大量的人们在布里奇波恩特有一个丰富多彩的生活。正如前期规划中就已经预见到的那样，布里奇波恩特合作社具有很强的政治影响，将之完全拆除并不现实。因此，盖特韦景象很快由大规模娱乐活动转变为安静，历史性保存和环境教育对其有较小刺激功效。比起有吸引力的非结构性消费旅游，这个新的规划更有指导性。蒂尔登堡的建筑与场所将被保护。雅各布·里斯公园可能继续，其场所和建筑也以历史为条件予以保护。新方案并没有刻意去实现在一个城市国家公园内开展大众娱乐休闲项目的目标，因为这样的目标会受到很大政治阻力，无法达成；与此相反，新方案更侧重于历史遗产保护和高质量的游客体验，这似乎是一条更可行的出路。对于当地社区居民来说，新方案远比原先的规划容易接受，因此它的策略更为得当；此外，它并不需要大幅提升交通运输能力，而原先的规划在这方面也曾备受挑战（Foresta,1984）。

向公园使用者提供资金和服务的政治影响

国家公园在政治中的作用不同于市级和地区公园。国家公园通常靠联邦资金维持，一般较少依赖当地的政治条件。但也有一部分市政公园依赖当地的公众基金，像普罗斯佩克特公园，它用于公园管理的资金大部分都是个人赞助的，并且是城市和州立政府用水的主要来源。如果公园处在很重要的位置，那么用于维护公园以及改善提高公园质量的费用就会很容易得到。20世纪90年代，纽约市的公园和娱乐管理部门提出，投资基金必须用于对奥查德海滩的基础设施的重建。

雅各布·里斯公园的命运和与奥查德海滩同类型公园，为我们研究政治在面对公园资金时如何被忽视提供了一个有利的证据。在20世纪60—70年代，这些公共海滩不再是当地白种中产阶级的地区了。像在那个时期的许多城市的地方公园一样他们失去了资金的支持并遭受了不同程度的破坏。包括雅各布·里斯公园中的盖特韦国家休闲区看似被拯救：它将维持休闲场所、历史名胜、自然风景区，以及所有可用的公共区域中的国家公园系统和整体内部协调系统的资源。

事实证明，联邦资源尽管唾手可得，但也不足以扭转雅各布·里斯公园逐步恶化的趋势。尽管当地管理人员十分努力，但园区内缺少浴室和娱乐设施，比如像手球和篮球场都无法正常使用，长廊栏杆由于破旧和布满灰尘是最先开始腐烂的，广场被毁坏，公园缺少一个种植计划，使新的树木取代死亡的树木，并且在20世纪70年代以来对公园关注度逐渐下降。奥查德海滩相比较之下，在60年代和70年代开始被市政重视。

雅各布·里斯公园和奥查德海滩的对比也说明了不同的管理结构是如何应对不同的人口分布变化的。一方面，雅各布·里斯公园展现了国家公园体系在规划过程中的优势。在人种志的研究过程中，1995年盖特韦国家休闲区委托雅各布·里斯公园和其他国家公园，按照2000年之后的快速人种志的评估程序对雅各布·里斯公园进行管理。国家公园管理局对历史文化资源的保护也有了新的要求。另一方面，雅各布·里斯公园并没有对用户新的要求进行很好的调整，尤其是使用公园野餐地点的拉美裔游客的需求。他们希望在雅各布·里斯公园找到像本国一样的绿树成荫的热带海滩，他们可以在树荫下享受野餐。国家公园管理局在计划下实施的保护任务是，保护20世纪30年代种植设计的装饰思想，已经被一些景观广场限制使用。[2]

这样看来，盖特韦国家休闲区的运作没有期望的那么顺利。国家公园系统的资金按优先权被分配，有国家支持的公园级别最高。像雅各布·里斯公园在纽约城外就没有其他的支持者，所以级别就比较低。有很多人号召雅各布·里斯公园返回到城市公园系统中，那样相对会有更高的身份地位。新出现的波士顿港岛国家公园使用了一种不同的或许更高效的模式，而不是由国家公园服务机构接管原来属于城市、国家代理商、私人信托的所有地区，那些政党保留了拥有权和经营权，公园服务机构则提供了一整套包括研究规划、协调和公共教育的管理办法。

大部分公园中，还是市政公园在针对使用者的变化方面更加灵活。例如，佩勒姆湾公园把拉美裔公园使用者的文化印象看做公园特性的一部分，因此值得鼓励和支持。佩勒姆公园是在当地政治的背景下，一个城市尤其是说西班牙语的和葡萄牙裔选民占大部分具有重要影响力的行政区下经营的。虽然纽约城的公园部门缺乏民族研究项目，公园管理部门在使奥查德海滩回应占多数的拉美裔选民方面能够更实用更灵活。

结论

对于公园简短的调查展示了城市公园自然的多样性。休闲娱乐通常是重要的公园价值，但其他价值的存在使公园景观的用途和使用相当丰富。还有当地公园展示的使用方式、性格以及他们的历史方面的重要不同，因此公园是一个复杂的管理系统。例如，佩勒姆海湾公园的"自流主义"管理历史，反映了目前管理的自发性，以允许使用者群体，至少临时拨出一些空间和设施供非正式的使用者使用，但仍然要有助于提高公园吸引选民的能力。回顾在目前管理工作下强大的设计管理公园历史，强调了公园设计的完整性以及约束使用者与被动的、恢复性的和民主的休闲娱乐活动一致。

像所有的国家公园一样，城市国家公园在明确的公共传播管理目标下进行管理。这些通常平衡了休闲和保护的竞争目标，在任何公园中往往使娱乐价值次于对多样保护的兴趣。在国家遗址中，如独立纪念碑和埃利斯岛，对历史价值的保护和解释无疑是管理中优先考虑的事。然而独立纪念碑被一些当地居民和市中心办公人员使用，如散步、坐着休息、吃饭、会见朋友等等。国家休闲区像盖特韦，被建立以对大城市娱乐开放海滨景色，然而他们日益强调对残余自然环境的保护以及对历史建筑的解释。甚至在盖特韦的雅各布·里斯公园，历史保护事件和当地政策使公园娱乐目标复杂化。

在阅读这些研究案例的时候，主要思考的是记录要用正式的语言还是非正式的，换句话说，是用本国语言还是其他的。在官方公园的描述中很少有本国的使用者，但是他们对公园的社会文化生活和管理问题起着很重要的作用。他们常常以出乎意料的活力来影响公园的设计。在雅各布·里斯公园树荫下的野餐活动使公园富有生气，但是也引起了想保护有历史意义的公园景区的管理员们的担忧。在普罗斯佩克特公园，管理人员常常致力于将有历史意义的设计作为公园复兴的美景，并且反对当地的人们在这里踢足球和进行排球比赛、骑山地自行车和其他与历史主义思想相违背的活动。在这份文件中收集到的许多公园的研究案例，是对当代各种各样公园使用者的回应所进行的高质量记录。通过本书我们想做的就是研究形式的与乡土的事物如何结合到一起，产生出意料之外充满活力而又易碎的文化魔力。

注释

1. 在哈特福德的布什内尔公园是第一个利用英国景观设计原则设计的美国城市公园，但是中央公园是首个在它的级别中至少有 100 英亩的公园。
2. 国家公园管理处确认了野餐的需求，将一处废弃的球场转变成野餐和户外烹饪场地，并建设了几个提供阴凉处和避雨使用的亭子。

第三章　普罗斯佩克特公园
——危险中的多样性

简介

　　在 19 世纪的每一个小城镇，工人阶级的社会交往和日常娱乐活动地点延续了像本国的周末胜地，或者是"小树林"等地方。这里是一片满布绿树、田野和碧水的开阔场地，并且市镇居民都会把它当做每周日下午非正式的娱乐聚集地（Jackson，1984）。虽然这类场所已经让步于城市化和娱乐休闲活动的发展，但布鲁克林的一些部分看起来还是很像古老的园林。例如，半岛之上有约二三英亩的令人愉快的场地，其一边毗邻着湖畔，而另一边则被一条静谧的溪流环绕着。一条泥土小径沿着河岸蜿蜒至旷野之外的树林。家庭成员们聚在大树之下野餐，或静坐，亦或对着湖水出神。男人和孩子们在这里钓鱼，年轻人在这里玩球，孩子们骑着他们的脚踏车。成群的成年人和少年在附近的马路上散步，时而停下来看看湖水。这里是遛狗的好地方，它们可以在田野中追逐，在湖水中游耍。现任的普罗斯佩克特公园管理人曾告诉我她在一个周末的清晨提早在这遛狗。

　　这里已经变成了一个本地娱乐的场所，典型逃避了官方的注意或承认。它的使用者没有人在这里花费他们的时间去考虑关于自然或美丽（虽然对于鸟类的观察者来说这很受欢迎），但是，令人欢快的自然景色对于来这里休闲娱乐是重要的。它是广阔的，令人赏心悦目的，脚下是柔软的。小鸟和鸭子占据了湖面及上方的空间，鱼儿自由地生活在水中。参天大树投下树影，并且当一个人偶然落在它的树干和树枝上便会形成一个迷人的热带植丛支架。这个地方远远脱离了修复者的注意：没有什么被拆除、隔离、挖掘或是重建。[1] 景观不是过分装饰或任何人工雕琢的美丽，它缺少花园般或园艺学的效果，亦或是如画般的结构，以前当地曾是这样的结构与视觉效果，但是自然的程序已以它自身的方式来应对品味的改变和维护资金预算的下降。现在这个地方好像仅仅存在着，就像是一个未曾受到城镇发展要求影响的静谧的田园之地。

　　城市风景公园可能是城市的装饰物和自然保护区，但它们也是重要的社会空间。像半岛

38 游乐场这样的地方为不同团体的人们提供了非正式聚集地，这些公共场所的自然环境吸引了人们的注意力。本章旨在把公园当做一种社会和文化空间来进行对比，并且还要依据它作为历史风景和"布鲁克林区最后的森林"来进行保护和修复的需要。风景公园像那样的确具有历史和保护价值，然而，让人有些费解的是通过恢复而造成的毁坏是如何作为社会空间而影响公园的。我们需要询问一下是否管理程序能很好地为游客服务，尤其是像这样成为公共公园趋向的私人投资和经营的全国性活动的第一线。私人团体只会为他们的会员和他们的管理者负责，而不是服务于大众。

许多有关公园的人种志研究是要在接到命令的公园管理者要求收集使用者的具体信息而不是常识下进行的。而这就是《1996—1998年使用者研究案例》，是1980年以来公园管理定制的第三次这样的研究。然而使用者研究数据为更广泛的使用者价值评价提供了基础：不仅仅是活动和行为，喜好和厌恶，还有人们的公园经历的特色和公园对人们的意义。

方法论

公共空间研究组于1996年夏天开始进行"使用者研究"。在接下来的几年中我们一直收集数据，而最后的报告则于1998年5月提交。我们对公园管理者的提议重在强调使用者研究的潜力来探索公园作为社会文化空间是如何行使其功能的。提议呼吁在公园的选定区域结束人种志研究的工作，并且这些小型人种志研究占据了最终报告的一半内容。

我们通过对参与者的调查和对357名使用者的访问深入地探究了使用者们的态度。我们尽最大努力去获得使用人群之间在公园价值方面的不同，并且我们的分析依据是对人口种族/民族、年龄、性别、收入和教育水平的分类得出的各种数据。

在公共资源减少的时代，公园行政人员认为改变使用者的态度和行为能够代替公园维护和管理财政预算不足的传统水平：将使用者变成公园的"管理员"。经营者想要使用者了解到公园的艺术遗产和生态环境。公园的行政人员也希望能够吸引使用者到公园中的一些室内区域以缓
39 和过度使用的区域。作为联盟在1995年写信提出申请莱拉·华莱士读者文摘基金（Lila Wallace Reader's Digest Fund），

> 公共行为一定要改变……公园的游客决不能骑着轻型摩托车通过丘陵和沟壑，因为这样会伤害到树根……并且游客也决不能在树下直接放置木炭烤架，因为这无疑会造成树的死亡……我们的挑战是要了解公园使用者更多，了解他们的需要和他们在公园中想做什么和要做什么。

为了达到这个目的，公园的行政人员非常热衷于了解公园的使用者来自哪里，他们多久来一次，在公园中待多久和已经来了多久。他们对于人们对公园的知识和态度非常感兴趣，例如经常出入的地点和项目，担心和对设施和服务的抱怨。

用户的使用研究在于识别选区，然后加入到管理计划和程序中的管理已经与用户组取得了广泛的接触。这之间最密切和社会关系联系最好的是遛狗的人们。作为一个组织，他们组

织政策上的商议，制定出有实质性的政策和自我管制的方法，主动处理因遛狗而产生的垃圾。公园也同样与英式足球俱乐部这样的组织来建立联系以规范他们对公园的使用。他们商定场地要经常改变，以减少对任何一个草坪的影响。管理者们也会配合用户的一些参与性的计划：一个很好的例子是他们与非正式鼓手组的配合，首先在表演来临之前暂时建一个临时性的地点，然后再在他们传统的表演地点布置一新。

对使用者的研究包括对大量的访问数据的陈述和分析。我们将所有采访问题的答案统计并计入计算机。所有回应结果按频数分布。然后我们将所有变量制成表格来寻找参与样本中的差异。

对使用者的研究包括对游客的人口普查。预先取得同意在特殊时期对进入公园的 18 个入口的行人进行手动统计。统计推测的记录进行了整一年，记录的年度人流量估计接近 500 万。基于完成于 1978 年的使用者研究统计数据，已经有每年 600 万的访客并且这数据会继续维持下去，这包括进新闻宣传和其他公众信息方面所做的努力。

公园管理者要求人口普查员依据外貌记录使用者是白人、黑人或是说西班牙语的人。虽然这种方法有明显的缺陷，人们的身份不一定是看上去的那样，得出的结果却和我们人种志观察的早期结果相似：大致三分之一白人，三分之一黑人和三分之一西班牙裔人。

采访例子

采访的 357 个公园使用者例子中有的参与者有 119 个白人，102 个说西班牙语的人，117 个黑人和 13 个亚裔人。例子是分不同层次的，以求采访的黑人，白人和说西班牙语的人与已估计出的公园使用的各种族的人群保持平衡。参与者中，153 人是低收入或中低收入，123 人是中等或高收入。几乎三分之二的被采访者是以步行的方式进入公园，余下的人是开车或是利用公共交通到达。白人参与者更可能的居住在步行适宜距离之内。大多要花一些时间才能到达的是有色人种。在例子中有代表性的社区包括帕克斯洛佩（Park Slope）（24%）、弗拉特布什（Flatbush）（13%）、肯辛顿（Kensington）（10%）、克朗高地（Crown Heights）（8%）、普罗斯佩克特高地（Prospect Heights）（6%），这些都与公园毗邻。

公园中的人种和种族划分研究

研究人员致力于社会公正的工作，几乎是很自然地调查在本地的多元文化下的种族和阶级差异。这些有代表性的努力发现了资源分布不均衡，尽管不一定是由于公园的政策故意制造出来的。公园的多数研究，包括本书的研究案例，是根据合同由公园官方提供研究资金。管理人员作为研究的委托方找到一种咨询问题更安全的方式，以避免直接询问人种、种族或是社会阶级问题。在这些情况下不需要有争议的研究方法——例如，通过位置和街坊对用户排序。杰夫·海沃德（Jeff Hayward）（1990）对位于波士顿与富兰克林公园相邻的社区进行了以电话为基础的居民访问。调查以查明居民对着这座公园的感觉如何、是否去过、他们认为应如何改进公园。海沃德的社区报告分析结果没有调查各社区的人口统计学特征。海沃德用相似的方法研究了芝加哥的林肯公园。

　　同一社会群体、人种和种族划分可能不适合作为分析框架。塞萨·洛（2000 年）在她对哥斯达黎加的圣何塞的研究中，将公园的用户通过性别、阶级和他们是否是哥斯达黎加人或北美游客进行分类。这些类别因为环境和依据塞萨·洛在拉丁美洲城市广场进行的具有意义的人种史学分析而有一定的道理。可以按照活动类型将公园的使用者们定义为选民联盟。在本书的第八章，塞萨·洛讨论了她对公园的社会研究，即以选民为依据的分析框架。

　　大量的研究表明了在美国的休闲和娱乐场地，不同的社会阶级，不同的人种和种族的公园使用者在公园选择和价值观念方面是不同的。而大量的工作涉及的是荒地而不是城市公园，工作评估对于理解人种、种族和阶级界限的平等问题的解决方法有一定用途。公园的"价值观念"也许被描述为对于一个物体或地方的"一群人附带的象征性满足"（Washburne 1978，177）。相对于国家人口，国家公园使用者已经发现白种人和中产阶级是不成比例的。（Washburne1978；Woolf 1996；Taylor 2000）。"野生土地资源似乎主要是美国白人的领域"（Washburne 1978，176）。而非裔、亚裔、说西班牙语的和其他有色人种常去的是当地的公园，人数与这些人在总人口中的百分比是成比例的（Woolf 1996）。

　　著作讨论了两种不同理论来解释在白人和有色人种之间的参与的差异：边缘性和种族划分（或者是亚文化群）（Washburne 1978；Hutchison1987；Floyd 等人 1994）。边缘性对有色人种在野生土地资源方面参与不足的解释集中于贫困和社会经济的歧视。他们推论，多数有色人种没有汽车而且负担不起国家或非都市地区的州立公园的费用，并遭受到基础设施不足的问题，而且工作时间长于白人的工作时间，等等。对边缘性的考虑意味着一项针对越来越多的少数民族进入野生公园的政策。像加利福尼亚的金门海峡这样的国家公园和在纽约和新泽西州的"大门"——这些公园正力图让城市居民走进国家公园——这正是对边缘性关注的回应（Woolf 1996）。

　　拥护"种族划分"这一选择理论的兰德尔·沃什博恩（Randel Washburne）（1978）指出对于野生地域，黑人同白人有不同的文化价值观。他写道，黑人通常在本地与他人维持他们的社交体系，例如在他们的居民区、教堂和其他社区体系，也包括一些本地公园。沃什博恩

引用了加利福尼亚的调查数据指出，相对于白人，黑人更喜欢玩篮球，听体育赛事，参加社区或邻里的活动；同样喜欢钓鱼，打猎和捕蟹；但是很少像白人那样"远行和休假"，"散步，徒步旅行，攀登"和"游览地区的或偏远的公园"。如沃什博恩所说，种族划分理论解释了黑人对野生公园的参与不足，支持政策远离以野生地为基础这一词汇标准，转而提供多样化的公共空间，包括本地的娱乐设施。

　　一些公园管理行政人员同意沃什博恩的观点。例如，罗杰·肯尼迪是一位在克林顿执政期间的国家公园管理局局长，他声称来自非洲、南欧、东南亚和拉丁美洲的人有牢固的传统，他们的家庭和宗族会在村落的广场、城市公园，或是离家近的果园举行聚会。肯尼迪接着将西部国家公园到北海归因于白人的旅游传统，他们到自然区域进行休假或露营、打猎和钓鱼。也许是如此，但是有色人种同样也有长距离旅行的传统。种族划分本身不能完全解释野生公园的低到访率。

　　更引人注目的解释源自使用公园的不同肤色人种之间的种族战争所产生的影响。韦斯特（West）（1989）发现底特律的黑人居民比白人居民更喜欢使用城市公园，与之成比例的是白人比黑人去的更多的是一些郊区公园。韦斯特指出差异不能通过文化群体（种族）来解释，

因为白人和黑人对都市公园的兴趣表达了同样的水平。边缘性也同样不能解释这种差异。相反的，韦斯特认为黑人去郊区公园不多的原因在很大程度上是因为他们感知到的社会环境的潜在敌对性。有时，歧视是很明显的，就郊区迪尔伯恩（Dearborn）来说，曾禁止非居民使用它的公园（在某时，密歇根的迪尔伯恩主要是白人为主）。即使没有明显的歧视，一个黑人家庭对于游览一个白人郊区中多半是白人的地区公园也会再三考虑。

威廉·科恩布卢姆（William Kornblum）（1975）同样评定了种族歧视，他指出西部公园的有色人种偏少。在研究的基础上，他管理着国家公园管理局，科恩布卢姆记录，有地位的代理商、公园员工和其他游客之间的透明度；长时间的勘察是乘车穿过乡村，最终到达乡下的白人区域，以及旅行的费用（Woolf 1996）。

泰勒（Taylor）（2000）观察到游览野生公园的有色人种之中，有些会报告一些不愉快的经历，他们说在那里会遭到白人游客的"凝视，盯得人们不自在，瞪眼瞧人"。"白人使用者和野生公园管理者，"泰勒指出，"会假设公园、森林和荒地使用者都是白人，而且野生公园区域是专一的白人空间"（Taylor 2000, 174）。

研究人员发现种族和文化的模式在当地公园中是惯例，包括公园的选择和人们偏爱的活动。一项在康涅狄格州的纽黑文市的公园研究中发现，黑人居民通常被公共设施吸引，像球场和野餐场地，白人常去网球场和缓跑径（Toylor 1993）。黑人多喜欢城市公园是因为这里有安全的娱乐场地并且那里也有其他黑人在场。泰勒认为种族划分解释依靠的是一种极其狭隘（too-narrowly-specified）的种族理论模式，也就是"黑人"、"说西班牙语的人"和"白人"。在纽黑文市的研究中，非洲裔美国人会被公园里和平的氛围所吸引，然而牙买加裔人则更多地被公园中的某一设施所吸引。

一项在芝加哥林肯公园的研究中发现白人主要独自一人或成对地游览公园，而黑人和说西班牙语的人则一家人或和朋友们成群结队游览公园。黑人和说西班牙语的人使用者比白人更热衷于被动的社会休闲活动，而白人更喜欢去野餐、交谈和观看有组织的运动。在林肯公园的另一项研究中，哈奇森（Hutchison）（1987）记录了说西班牙语的人与黑人和白人之间的明显差异。说西班牙语的人与黑人和白人一样偏爱散步和骑单车，但是西班牙裔人更多会选择运动场地，去野餐，观看体育赛事，或懒洋洋躺在草地上。我们在纽约市的大多数市政公园从事研究工作，作者热衷于发展以文化知识为基础的公园政策，因此带来了一些包含种族和阶级差异的一些分析数据。

历史和社会背景

普罗斯佩克特公园位于布鲁克林的中北部，占地 526 英亩。它是应布鲁克林这个快速发展的城市中许多新教牧师和其他市民领袖的倡议而修建的，始建于 1867 年，1873 年完工，是城市的一个由布鲁克林植物园、布鲁克林博物馆和布鲁克林公共图书馆主建筑共同组成的复合体。

计划在普罗斯佩克特公园和与其相连的公园道——东帕克韦（Eastern Parkway）和欧申帕克韦（Ocean Parkway）——附近的开敞地区发展高级居住区。这种策略非常成功，像在普罗斯佩克特高地、克朗高地、帕克斯洛佩和弗拉特布什都发展成为密集的但是繁荣的居民区。这些居住区和公园周围的其他住区都是以居住为主：布鲁克林的工业区和办公区距离都较远。每一个邻近的居住区都与他们旁边的公园有最接近的空间关系，公园的人种组成和综合的氛围变化会受到一个或另外一个居住地区的影响。

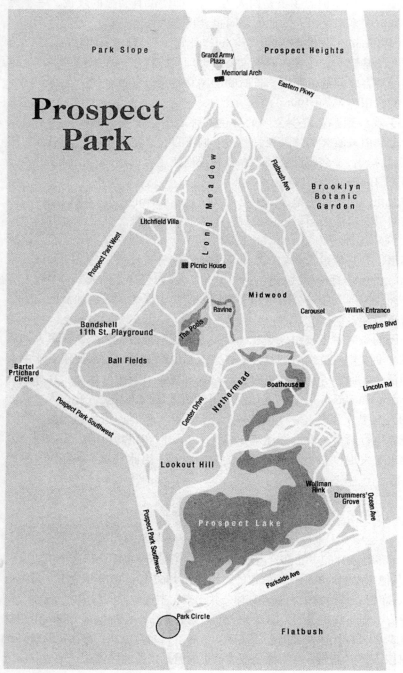

地图3.1　普罗斯佩克特公园

景观设计

公园设计的类型是田园风格，强调的是山坡上的草地和牧场平静，延伸的树木，远处的森林，山谷中平静的池塘与潺潺溪流。它包括了一个起伏的山坡牧草地区域，一个树木繁茂的丘陵区域和南部的第三个区域，一个公园设计者发现的地底的平原区域并使其成为了一个 60 英亩的浅湖。田园风景主要由一个 90 英亩的占据着公园西部的长草地（Long Meadow）构成。田园风光同样可以在内瑟草地（Nethermead）发现，这是一个在公园中央的较小的开敞区域，湖滨环绕有小树林和空地。公园的场地和草地是打算用真正的牧草来铺设的，甚至在以前确实有绵羊在这吃草。如今这里被广泛用于野餐和野烹食物，进行各种球类游戏，放风筝，晒日光浴，遛狗和跑步。

奥姆斯特德和沃克斯力图保持在田园成分之外的精心制作的花坛和其他人工花圃。公园仍然是自然风格的园艺胜地，开花的灌木和装饰性的树木沿小路、车道、入口、小桥和人行天桥种植。少数这种类型的植物幸存至今；大部分开敞地块上的草地和树类似于本国北美洲公园—— 一个基于奥姆斯特德和沃克斯的田园风格模式但却简化了的风格，因此草地需要日常小规模的维护（Jackson 1984；Wilson 1992）。

如同本地的许多公园，也存在维护不均匀的问题。数年来城市的疏忽使得山坡被侵蚀，生长过度和凌乱的森林，破损的人行道，以及被水草和淤泥阻塞的水体。在奥姆斯特德和沃克斯的设计中，森林是由树木、灌木和别致的水文要素组成的小树林。提供亭榭和好客的设施来吸引郊游的人们。现在由于外来物种的繁茂生长使森林过于稠密，例如最近侵入本国物种黑樱桃。预期的是生长的松柏类树木，大的和装饰性乔木之间达到平衡，而乔木和灌木却被外表看上去没什么差别的浓密的阔叶树所替代。浓密的树木已经蔓延到了许多区域，扩展到了看得见的开敞空地，阻碍了风景，限制了可以使用的娱乐场地。

作为设计，环境应该对它的使用者有一个文明的影响，他们的表现应该像是这个昂贵乡村度假地的庇护人。纽约莫宏克（Mohonk）山庄的来宾悠闲地漫步于风景优美的茂密森林，穿过花园，或沿着湖边小径散步。他们可以在这里度过愉快的时光，在农舍中远眺如画般的莫宏克湖，在水中划船，或是在草坪上玩槌球。普罗斯佩克特公园设计非常像莫宏克山庄，但它是免费的：拥有柔美的草地和小树林的田园风格，风景如画的水体，迷人的车道，眺望的小山顶，还有为游客设计的舒适的、与风景融合的、雅致的公共设施。在这种文雅的社会环境中，工人阶级和移民希望在这里学到他们认为会有助于自己或可以变成好市民的一些社会技巧。人们会学到举止得体和与别人的互相组合；公园的文明支持者会树立好的运动道德典范，而且自愿组织聚集到公共区域来影响他人。奥姆斯特德说他的公园就像公民资格训练场地。

建造特征

有几个吸引大众的特征。户外音乐台（Bandshell），沿着在第 9 大街的入口附近，是一个流行的，夏季户外流行音乐会项目场地。在公园的对面，沿着弗拉特布什大街在韦尔林克（Willink）入口附近的是动物园，旋转木马，拉斐特庄园（Lefferts Homestead），一个适合儿童的历史家园博物馆。沿着公园的边缘有 6 个儿童游戏场地分布在不同的位置，每一

图 3.1　普罗斯佩克特公园的长草地（Long Meadow）

个都与居住区毗邻。在公园里，一系列的棒球场地占据了南部场草地区域的三分之一，在人工湖的东边有一个人造滑冰场。在阅兵场有几个球场，一个单独的区域是由帕克赛德大街（Parkside Avenue）横穿在公园的最南端形成的。布鲁克林的大型西印度社区利用沿着环形车道，并在欧申大街和帕克赛德大街的转角附近的一块区域来举行每周一次的击鼓和舞蹈庆祝活动，在温暖的周日午后，这可以吸引数以百计的参与者，旁观者，还有食物和手工艺销售商。

　　大多数现存的奥姆斯特德称为"集会场地"的地方，都不是最初的那些地方了。户外音乐台和动物园是在 20 世纪 30 年代建的，长草地上的球场和滑冰场是大约在 1960 年增加的。在 1940 年之前的游戏场地，现存的没有一个了。奥姆斯特德和沃克斯计划为人们提供聚集地，例如音乐会小树林（Concert Grove）、瞭望台（Lookout）和餐厅（Refectory）之类的地方。餐厅从未被建造，其他的（包括音乐会小树林和瞭望台）不是被改变就是被后来的管理部门决定暗地里破坏掉，所以他们从没能达到他们预期的目的。[2] 还有一些——例如"奶制品农舍"——已经消失了。

管理

　　公园的管理被描述为合作关系，是由市政府和私人拥护者共同完成的。在 20 世纪 70 年代和 80 年代早期，一群公园的保护者和市领导担忧公园的衰败，在 1987 年组织了一个被称为是联盟的管理和保护实体。这个联盟"集合了社区、企业和政府资源"共同维修和复兴公园，为了恢复景观、规划社区、运营志愿者计划筹集资金。这个公园的管理是由纽约公园与娱乐管理部门和提供资金的联盟共同组成的。公园的员工进行日常工作，例如刈草，收集垃圾和执行巡逻。联盟就好像是一个实体的原因是它通过筹集资金来复兴公园、修复景观、扩大服务范围和保护、建立用户赞助者。联盟的主席，T·托马斯（Tupper Thomas），同样也是市政管理人。托马斯先生强调联盟的角色仅仅是支持公园的市政管理，所有的管理决策是由城市，而不是联盟[3]决定的。

联盟的使命是保证公园的复兴与公园最初的"奥姆斯特德特征"相一致。联盟已经将管理的重点从休闲娱乐设施和装饰性效果转移到了公园健康的自然生态，尤其是它的林地。因此公园管理部门在某些区域鼓励那些已经长到以前空地上的森林里，为野生动植物创造栖息地，在长草地的边缘和别的地方种植新的树木。目的是修复景观，替代一些因年代久远等复杂原因而死去的树，并要求一些机械修整草坪的方法。这个联盟有一个好的核心精神，25年的林地运动使公园的水系和毗邻的林地在一次工程中修复，这个工程包含了历史保护和复制了最初的景观建造方法，包括对土壤和植被的水补给。大部分内部林地用栅栏与外部公共区域隔开，使林地受到最小的干扰。

自从奥姆斯特德的创意和设计充满了道德行为一类的方式，以奥姆斯特德式的修复公园的努力可能会影响现今公园的使用和价值。本章揭示了一些在价值观念上的不同，包括在使用者的不同团体之间，还有在使用者和奥姆斯特德式的修复政策之间。

研究的调查结果

普罗斯佩克特公园社会生活是丰富而多样的。公园是一定社会群体的文化自我体现，包括非裔/西印度群岛人的击鼓和舞蹈，海地人的草根音乐和官方主办的多样化的流行音乐会项目。但是最平常的活动仍然是散步，闲坐和锻炼。在公园中遛狗的人们是显著的，他们在固定的时间到公园中固定的地点遛狗，并相当慷慨地替他们的小狗解开束缚。许多人在公园中野餐或野烹食物。公园中有各种各样的体育活动，有些是官方鼓励的，例如垒球和棒球就有专用的场地。大多数其他运动，包括英式足球、排球和极限飞盘都是允许在公园中进行但官方并不鼓励的运动。

大部分的活动对于公园中不同文化和阶级背景的人们来说都是很普通的。不同的公园使用者进行着例如散步、锻炼和看小鸭子等一些典型的活动。然而，在用户群中也有很大的差异。本章的重点是一组和另外一组公园用户之间的差异资料——即在价值观方面的差异和活动的差异。

价值观

使用者研究采访包括问题"公园对于你来说有什么特殊意义吗？"以最真实的回应类型为基础，我们依据回答类别将答案计入计算机，这些真实的回答包括"释放－精力恢复－逃避"、"自由"和"不待在公寓里的另一种选择"等。这些种类依据被提到的频繁程度，在表3.1中按降序列出。

图 3.2　普罗斯佩克特公园晒太阳的人们

图 3.3　普罗斯佩克特公园冬日

对"放松／宁静"这一项的回应最多——58个。"欣赏大自然／野生动物"一项以56个回应总数排名第二位。这两种价值观念符合公园的基本理念之一——人们应该是在寻找一个放松和宁静的宽敞的并且风景优美的地方。

"欣赏大自然／野生动物"反映了与公园的自然环境相关联的不同方式。当然，这一项不仅仅是鸟类观察者或其他爱好自然主义的使用者的选择。许多参与者指出公园自然环境和野生动植物对他们来说是重要的——有些人很精确解释，另一些人只是加强语气说"是，这很自然啊！"当然，以上的讨论者有许多是那些喜欢在公园中散步的人们，他们大多对于欣赏和感知大自然有着亲身的体验。"欣赏大自然／野生动物"这一项反映了鸟类观察者，同样也是喂鸭子的人们的评论。

其他高排名的价值观念包括童年回忆和家庭回忆，"释放－精力恢复－逃避"、"娱乐地点"和"美好的"与"漂亮的"。"释放－精力恢复－逃避"这一类反映了一些人想逃离城市或者寻找一个可以解除压力的地方。排名最高的"放松／宁静"在某些意义上与"释放－精力恢复－逃避"相似，但是缺少与城市生活暗含的对比。"娱乐地点"记录了那些喜欢在公园进行日常锻炼和团队运动的人们的评论。

童年和家庭回忆与公园有联系的人们通常是喜欢公园而且似乎他们其中的许多人在小时候就来过公园。"有回忆的地方"是那些在公园中可以是他们想起别的地方的人们的回应,同样,这对一部分移民和那些已经长大到别的地方的人们也很重要。"美好的"和"漂亮的"是与判断力有关的价值观念，"漂亮"反映了美学角度的直观体现，而"美好的"更多的是指令人愉悦的感知。评论常常伴随着提到公园的空间感，记录的有"大型开敞空间"。"消磨时间的地方"、"不待在公寓里的另一种选择"、"习惯／第二使用家园"均反映了将公园作为第二家园或户外起居室来使用。"社区／公共资源"记录的是作为布鲁克林或纽约城市的市民，公园给他们带来的一种重要的社区感。

表3.1统计了我们从更广泛的人群中得到的个人回应，并在其中找到人口统计变化。表3.2统计的是一个新的组群。表3.3是新的数据分类方式，这种方式有助于人口统计学模式的数据分析。这个表格体现了不同种族之间的人们共享着重要的公园价值。"放松／释放"在人群中均匀分布，还有"自然／野生动植物"和"回忆"也一样均匀分布。

收集的资料中也有一些有趣的差异。"要去的地方／要做的事情"是指诸如"娱乐的地方"、"大型开敞空间"、"消磨时间的地方"、"不待在公寓里的另一种选择"、"钓鱼的好去处"，等之类的价值观念（出自最原始的变量）。新种类的意义是公园作为一个地方，是人们去公园有事情要做或仅仅只是一个存在的地方。这在黑人和说西班牙语的人之间的影响高于对白人的影响。"民族"价值观包括"种族文化协会和同一性"、"会见朋友的地方"和"社会多样性"这些均在黑人中有较高的影响。相反，"美好的／漂亮的"这一类多与白人有联系。"市民的资源"是白人和黑人都认同的价值观。白人很少像其他人种那样要求公园"安全"。

用户活动

参与者被询问那一天他们所从事什么样的活动。采访的例子中有三分之一的市民是"在公园里散步"（122名参与者）。散步是其中一个主要的活动并达成了景观公园的设计意图：像

普罗斯佩克特公园与公园相关的用户的价值观念　　　　　　表 3.1

类别	计数	回应的百分比
放松 / 宁静	58	9.1
欣赏大自然 / 野生动植物	56	8.8
童年回忆	36	5.6
其他	36	5.6
释放—恢复精力—逃避	35	5.5
美好的	32	5.0
娱乐地点	28	4.4
一般的家庭回忆	28	4.4
漂亮的	27	4.2
有回忆的地方	25	3.9
会见朋友的地方	21	3.3
大型开敞空间	21	3.3
消磨时间的地方	20	3.1
社区 / 公共资源	20	3.1
不待在公寓里的另一种选择	18	2.8
无关紧要 / 没有什么	18	2.8
灵感	15	2.3
浪漫的回忆	15	2.3
种族文化联盟和同一性	12	1.9
习惯 / 第二使用家园	12	1.9
与朋友一起的活动记忆	12	1.9
有趣的事	11	1.7
工作时游览的地方	11	1.7
感觉到安全的地方	11	1.7
养育回忆	7	1.1
独处的地方	7	1.1
自由	6	0.9
钓鱼的好去处	5	0.8
友善的人们	5	0.8
只是一个可能发生事情的地方	4	0.6
与学校有关的记忆	4	0.6
社会多样性	4	0.6
到处逛逛	4	0.6
不工作时去的地方	3	0.5
没有提出问题	3	0.5
拒绝回答	2	0.3
没有答案	9	1.4
回应总数	640	100.0

使用者研究中公园价值观念的重新分类 表 3.2

类别	计数	回应的百分比
要去的地方 / 要做的事情	129	21.9
放松 / 释放	93	15.8
美好的 / 漂亮的	74	12.6
自然的 / 野生的	56	9.5
回忆	51	8.7
民族	42	7.1
其他	36	6.1
安全	32	5.4
有回忆的地方	25	4.2
市民的资源	20	3.4
什么都没有	18	3.1
没有答案	9	1.5
没有提出问题	2	0.3
拒绝回答	2	0.3
回应总数	589	100.0

使用者研究中的价值观念和人口普查小组 表 3.3

类别	人口普查小组的回应			
	白人	拉美裔人	黑人	总共
要去的地方 / 要做的事情	28	43	54	125
放松 / 释放	29	26	32	87
美好的 / 漂亮的	37	10	21	68
自然的 / 野生的	20	14	17	51
回忆	15	17	19	51
人们	11	9	21	41
其他	18	11	7	36
有回忆的地方	13	4	8	25
安全	5	14	12	31
市民的资源	10	0	6	16
什么都没有	28	8	3	39
没有答案	29	2	3	34
没有提出问题	37	1	0	38
拒绝回答	20	2	0	22
共计	300	161	203	664

这类的公园一样，是将散步的因素考虑到设计之中的。其他高级的活动是"参观操场"、"放松"、"野餐／野烹食物"和"与家庭／孩子们在一起"。

虽然这个数据显示了广泛的活动是相当均匀地分布于教育水平和种族划分之中，但是仍有一些有趣的价值差异。例如，白人很少去野餐和烧烤：在采访当天49名野餐或烧烤的参与者中，27个说西班牙语的人，16个黑人和6个白人。或许更多的白人用户都有自己的庭院或第二住宅或通过凭借他们的汽车去一些其他的开敞空间（这些都不是我们问的问题）。说西班牙语的使用者更有可能喜欢他们的有些像联谊性质的公园体验而不是一件个人消遣的事情。63个人说他们在那里得到放松，其中只有8个是说西班牙语的人，与19个白色和36个黑人形成对比。14名参与者说他们到处转转，其中10个黑人，2个白人和2个说西班牙语的人。白人比其他人更可能说他们正在散步：在121名以散步为活动的参与者之中，51个白人，37个黑人和24个说西班牙语的人。另外，大部分遛狗的散步者是白人。尽管采访了30个骑自行车的人中，有7个说西班牙语的人，9个白人和14个黑人，但在跑步者和轮滑者（in-line skaters）之中却很少有说西班牙语的人。

接下来段落提供了有广泛民族种类特性的公园使用及其价值的例子：黑人，白人和说西班牙语的人。这些人种学研究的描述——节日的文化，野餐和享受自然——如何成功使不同的使用者[4]适应各种各样的活动也可作例子用。

节日文化

在公园的东边，当代布鲁克林的移民群体和不同的有色人种使其存在感觉很好。一个参观者转述道，西印第安人跑到这里表演。公园的东南角，靠近海洋公园入口处，是西印第安人和非洲裔美国人的文化活动。当地民间艺人在湖边一个树桩雕刻了人类图像；这个地方，因"大木"（Gran Bwa）（一种伏都教的"大木"木雕）或"头"，成为人们聚集演奏海地人（Haitian）的本土音乐之地。自从研究以来，那个树桩已经开始腐烂，雕刻的形象已经难以辨认了。作为海地人民的偶像（他的名字来源于海地神秘的传说，属于林地的灵魂），海地人民仍然会聚集在那老树桩的周围。每个星期日海地人都会在东方展示馆举办非正式音乐会来感谢海地观众。

无疑，在这地区里最突出的吸引人的"草根"文化是在星期日沿着东河（East Drive）来自不确定地方的击鼓声。接下来的是对查尔斯·普赖斯[5]（Charles Price）在1996年7月14日的旷野记录的一个摘选：

> 从一些距离听得见的是鼓的声音。接近的位置，出售食品、饮料和艺术和手工制品的一些销售商。实际的鼓手位置是被安排在一个U形的一块交通繁忙并且磨损而破旧的小块空地上的一组简易长椅上。
>
> 在大约下午3：00左右，有75—100人聚集到右边长椅的四周；在长椅的外围区域有另外200位或者是在周围乱转的人。到5：00会有两倍之多的人。在这外围区域的人们有观看和聆听鼓声的，喝饮料的和吃东西的、吸烟的、谈话的和跳舞的。人们在许多商贩摊前看着和买着许多食品。那些买鸡肉、玉米和其他食品的人是如此的多，附近没有刚好能坐着的地方，因此只好站在那里吃喝。在这外围区域有一些鼓手和敲击乐器演奏者，他们中的一些在玩他们的乐器，其他的在休息。
>
> 一些过路人，他们中的许多人慢跑、轮滑、沿着环道骑自行车，沿着路边停下欣

赏风景。有些人已经搭好了帐篷，铺好了毯子，这些也许被叫做野餐。人群聚集在这个完全民族上的和不同全国性的地点。显而易见的是这块区域有巡逻警察，除此之外还有至少两个公园执行巡逻队，队员为黑人妇女，并拥有警棍。聚集在这里的人们确实是多种族并且是多国籍的。这些标记并暗示了提供建议的参与者来自不同的地方，例如加勒比海人（公示的有主亚那人、牙买加人和特立尼达人）；非洲人（人们穿着明显的西部非洲的装束，听起来说的像是法语和沃洛夫语）；拉丁美洲／中美洲／加勒比海人（说的是西班牙语）；非洲裔美国人和一些白人。

鼓手的行动。使用鼓的种类从小低音鼓到康佳鼓（congas）、邦高鼓（bongos），还有讯息鼓（talking drums）。还有一些其他的敲击乐器，例如震动槌（shakerees）、铃鼓（tambourines）、排钟（bells），还有一部分人带着录音机和长笛。鼓手同样来自不同的民族，但是大部分都是黑人。大部分围成圆圈的都是约鲁巴（Yoruba）人所跳的舞蹈。所有的努力是吸引人们参与其中，你所需要的是某种手段，或者是怂恿着去跳舞。没有一个人指导或指挥击鼓的人们。通常，最先开始的一个或另外一个鼓手的韵律称为节奏"基线"，开始的通常是低音鼓手。正是由于这个中心或基线，鼓声的基本节奏始终如一，无论如何变化其他鼓手都可以跟随着中心韵律。因此不和谐的音调很快就可以调整到正确的节奏。越来越多的人"抓住"节奏，击鼓的声音和强度一直增长到一个"最佳状态"。然后他们保持这种"最佳状态"，特别是观众和舞者也被带入到了这种热情中。最终，节奏强度会降低一直到完全停止，或者只剩余几个鼓手在继续演奏。如果这少数的几个鼓手继续演奏，他们接下来的节奏常常会演变成一个新的慢节拍，然后以同样的方式开始——其他鼓手会缓慢地跟上新的基线或中心节奏。

大多数击鼓的节奏是非洲类的，主要是尼日利亚的，但是有些节奏听起来像是海地的，而且有些似乎是巴西－非洲音乐。在这些特别的日子里没有拉斯特法里教（Rastafarian）的鼓声节奏，也没有其他牙买加节奏。原因也许是大多拉斯特法里教避开多活动的直接参与，通常牙买加人也是，他们称这为"巫术"或"技术"。这些民间组织也许被其他人称为巫术或伏都教（Vodun）。今天听到的鼓声证实了他们常常做一些练习。总而言之，正如今天看到的那样，击鼓不仅仅是击鼓乐师们聚集在一起，这同时也是严谨和富有文化内涵的一项事情——即使是有严谨和文化的重大意义。

我们在这里采访的大多数人都是来鼓手小树林闲逛或是来听击鼓的，在这里他们可以吃东西，参与社交，看人群，参观出售的艺术和工艺商品。还有几个人说他们是过来支持鼓手的。在一些周日，如果天气好的话，击鼓盛会可以持续到晚上10点或者更晚，人们甚至会在这块区域待到午夜。

在公园使用者研究中，许多非洲裔美国人和西印度群岛人参与者了解击鼓项目，而且将其作为公园文化的一部分而津津乐道。不是所有的公园管理者都对此认同，有些人说每周集中的活动会将土壤踩得死板，不利于树木生长。然而，当围绕着帕克塞德－欧申入口处的场

56

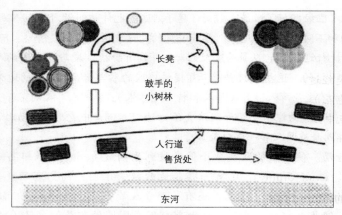

图 3.4 普罗斯佩克特公园中的鼓手小树林

地（Parkside-Ocean entrance）在 1999 年和 2000 年重建后，管理人员仍然与鼓手共事，击鼓传统仍然继续。他们首次达成一致选择在一个临时的地点，一旦那周围重建的场地完工后鼓手们将重返小树林。

57 　　野餐

外出野餐或者外出自己做饭，许多的公园里都有这种情况。无论什么地方，野餐的人大多数是黑人和说西班牙语的人。有许多的野餐聚集地在帕克塞德－欧申、9-11 大街（Ninth-Eleventh streets）、野餐家园 [6] 附近的长草地等。尽管野餐是有据可依的奥姆斯特德式的公园用途，但是在那些聚集地却没有园林建筑学的迹象。现成的木制桌凳组合，有的还带有烤架，没有固定的样式。尽管如此，野餐和外出做饭还是如此受欢迎，以至于人们野餐和外出做饭的地方扩展到长草地和内瑟草地（Nethermead），甚至只要能坐下的每一片草地都成为了他们野餐的地方。

下面是摘选自滑冰场和帕克塞德－欧申入口附近的海岸野餐区域的野外记录：

　　早晨晚点的时候野餐的家庭开始到达野餐地点，并开始为一天的娱乐做准备：野餐时间会通过中午、下午，一直延续到晚上。他们吃饭、听音乐、散步、玩球、钓鱼和闲逛。他们大多数是两个家庭、三个家庭或者更多的家庭在一起野餐。而其中的一些野餐组不是家庭而是教会或者其他的一些组织。这个星期六的晚上，有一个来自贝德福德－斯泰弗森特（Bedford-Stuyvesant）的两个家庭为一个男孩办生日的集会。大家围坐在一起，边烹饪边吃唱。父亲和另一个男子站在人群边上，喝着啤酒聊天（看样子他们已经喝了不少酒）。一台手提录音机放着音乐。女士们和 10 多岁的男孩、女孩在桌边坐着或站着，有些人负责组织，有些人则只顾吃喝，过生日的男孩大约 10 岁，走上前问父亲自己能否跟伙伴到别处逛逛（行，不过得快点回来！）

　　人们在这里准备的东西是很充分的：因为他们能开车进来停在野餐地点的右边，所以带些东西是相当的方便。除了冷却机、成捆的食物、饮料、餐具、盘子、茶杯等等，还可以带烤架、草地家具、球、怪异的东西和手套，还有录放音座和收音机（录放机）。不同类型的流行音乐，包括黑人乐、桑巴舞乐、的士高和爵士乐，而且放的声音非常大。野餐烹饪的烟雾在空中飘荡。很少的炊烟积聚在烧烤地点的周围就像蒸蒸日上的日子一样（但是经过短暂的一段时间，到星期日的早上，看起来清洁工们就会出现在他们烧烤的地点）。

野餐地点中心地带的野餐桌是空闲的。在这里，男人和男孩们玩扔球、传球游戏或者小型的垒球游戏或者进行足球赛。野餐的人们有时也穿过快车道去那块公园入口附近三角的长满杂草的区域玩球。女孩们则在有铺设的小道上玩跳绳或者跳房子的游戏。

说西班牙语的游人大多数是波多黎各裔、多米尼加裔和墨西哥裔。他们主要的野餐地点在两个地方：一个是西南边范德比尔特街（Vanderbilt Street）的运动场的周围；另一个是被贝克乐队做标记的公园的一角，巴特尔－普里查德环路（Bartel-Pritchard Circle）的入口和第十大道站的大门那里。他们光顾了公园开发地区的一些地方，那些地方有运动场、野餐桌或者钓鱼等设施。许多的说西班牙语的人说他们来这里是进行社交，希望使更多的家庭聚在一起，尤其是在夏天公寓里非常热的时候。他们把公园看做能自由呼吸的地方。一位和他的儿子玩扑克牌的说西班牙语的男士说：

我们的公寓非常小，我们会待在公园里尽可能多的时间。自从孩子们知道了有轨电车[7]，我们每个周末都会去一个不同的地方。在这些地方我们可以钓鱼、踢足球或者打棒球。我们也会去那些运动场。当我来到公园的时候，我会有短暂的时间不去想烦心事。它是开放的、非常大而且有许多的树，所以我最喜欢来这里。

在第11街运动场的一位墨西哥裔女士说："我来这里是想和大自然亲密接触。我们总是住在公寓里面，多接触大自然对孩子们来说是非常必要的。"她经常来这个运动场或者去和她的孩子玩旋转木马，从来没去过湖边。对她来说，自然是一个开放的空间，有树木，有绿荫。一位危地马拉裔男士把公园当做是一周繁重的工作后聚会的好地方。他喜欢它，它就像一个小屋（提供庇护的大蓬），长长的草地供人休息。"更是一个开放的空间——我喜欢那种风景。"他希望看到网球和篮球场地分布在公园的每个地方，也希望好多地方可以玩桌球游戏。

墨西哥裔家庭喜欢聚在巴特尔－普里查德入口附近有绿荫的地方。这是一个边缘的区域，打算作为东快车道和公园外大街之间有装饰的缓冲区。在雅克布·里斯公园，说西班牙语的旅游者在最初风景区域举行节日聚会，这里墨西哥裔旅游者也找到了边缘风景通道组成的野餐区。

各种运动是墨西哥裔人在巴特尔－普里查德区域野餐的一部分，尤其是排球赛游戏。这些游戏在邻近的野餐家庭之间举行，无论哪里，只有有一块合适的平地就行。在草地上玩排球和足球游戏是很困难的，在一个地方，一个赛季排球游戏结束之后，仅仅只有一块空的场地留下。管理者设法去保护草坪和树木组成的公园风景，种树去填补这些空地，把一些用旧的草地围起来以便让它重新生长。

喜爱大自然

许多中层阶级表达的价值观念反映出西方的浪漫的传统关于理想化的自然和荒地，和当今的环境保护论和公民社会责任观念是一样的。这些旅游者意识到放在奥姆斯特德和沃克斯设计上的艺术的重要性，也支持林地运动。联盟呼吁大家挽救布鲁克林"最后的森林"的口号也被野餐群所接受，联盟成员的资格也是争取他们的意见。

大多数选民的成员也看重公园的社会和娱乐角色。他们认为自然环境一样重要而且它有益于社会和休闲活动。在长草地（Long Meadow）采访的一位白人专家简单地概括了这些观点。他描述公园是"天赐之物、大自然的岛屿、放松的地方"。它是难以置信的娱乐资源，一个美好的社交聚会场所。它是可以和自己的宠物狗在一起的非常奇妙的地方……它是斯洛佩公园（Park Slope）的社会资源。仅仅看看四季在这个公园里的更替，我真的没有足够的言语表达出这个公园对我意味着什么！

一位德国的妇女在长草地（Long Meadow）上看一场足球赛表达出了这个公园想要体现的乡村的美好的理想。对她来说，这个公园"留给我的是欧洲景观美丽的缩影……在这个公园里你看不见房屋，也没有野生植物。而在这里〔乡村〕没有栽培的或耕种的植物。我已经习惯了生活在欧洲，人们能开车自由出入乡村——遍地的小路也便于你步行。四周，任何地方。"她可以骑上自行车从曼哈顿的东部乡村去这个公园，长时间享受人文景观。

对于大多数的旅游者很享受在公园里步行或者开车欣赏风景，一个人或者和自己的狗溜达，跑步或者骑自行车，去思考或者放松。他们中的一部分是忠诚的自然主义者。一些已经是布鲁克林鸟社的会员。下面的例子是在11月份的黄昏在内瑟草地广场上采访的一位男士：

> 在过去的几年里我花成百上千个小时把公园的一切输入计算机……我爱这里的冬天。我经常下雪天或者雨天来这里。我从来没想过远离这个纽约的公园到其他任何地方。静水区（The Lullwater）是我最喜欢的地方……刚才还看到一个大蓝鹭在那边。那些峡谷地带……是自然的，就像冰川留下了它。太令人吃惊了！……我只喜欢野生动植物，我根本不在乎它有其他的什么用途

这些旅游者表现出了一种极端的用途观念：对于他们来说，公园作为野生动物的避难所比它扮演的社交空间这个角色更重要。

种族和文化问题

虽然它似乎自然而然地发生了，但是多元文化的使用和价值观仍需要积极地维护。不能称得上是一个成功的多元文化空间，因为它没有积极地把周边社区的生活融入其中。社区的外展工作一直都是联盟的工作重点，种族的分离自20世纪70年代和80年代早期就已经得到缓和。即便如此，在1996年和1997年我们的研究发现种族不安的实质，是由管理者自己的行为不知不觉加剧了它。原因是在1996年，在一个工作区的周围建造了栅栏，导致通向公园内部的几条小路被阻断，而忽略了社区人们在这件事情上的感受。

占据了在北部、西部、西南部的中产阶级社区和在东部和南部的工人阶级社区中间的边境

免税贸易区。在公园西部和西南部的中产阶级主要是白人和说西班牙语的人，有声望的街区最靠近公园周围的白人和中产阶级或中上阶层。相比之下，那些在公园南部和东部的社区的穷人被高度隔离。例如，在 2000 年的对弗拉特布什地区的人口普查数据显示 76% 是黑人，14% 是说西班牙语的人，3% 是白人。直到 20 世纪 60 年代，（弗拉特布什）是一个中产阶级，尤其是犹太人地区。

普罗斯佩克特公园的社会环境反映出阶级和邻近社区的种族划分的不同。一些住户感到这些差异导致敌对、差异维护和其他的种族歧视。我们采访了一位在欧申大街－帕克赛德大街附近坐在凳子上的上了年纪的黑人，他回忆起了自从 20 世纪 60 年代以来的人口流动："那时，它太棒了……一切都是那么干净。"你几乎在公园里看不到黑人的影子……只有白人和犹太人……在这地区的人们是非常有偏见的。当有一部分人开始搬进来的时候，事情才会有所改变。也就是白人搬出去的时候，也就是那个时候种族歧视、偏见这些问题才会开始缓解……保持良好的状态【下降】……你也知道当一些人搬进来的时候，那些问题才可能土崩瓦解。

那位老人继续说，今天我们大家相处在公园里，但是他觉得东部被忽视了。在公园东部的住户中，这种在公园存在的一直保持的种族歧视的指控是非常罕见的。种族的划分所产生的影响使人们开始考虑公园自身以及它的管理。人们会说，公园的资源分配是不平衡的，那些白人或者附近的富人区得到了更多的照顾。许多被采访的人谈论有太多的刷子，没有那么多的草可供收割。有几个人认为把它放在斜坡公园那边会更清洁、更好。

一些人感到在公园的"他们"这边更舒服。7 月份的下午，在溜冰场附近一位调制啤酒的男士说："我最喜欢在这边……你知道，和我一样的人都在这里……这里所有的黑人、说西班牙语的人……你知道的都非常友好……在西部，我没有相同的感受……一切很好，对于我来说不是这样。"一位在威廉克（Willink）入口的男士说，他同那个砍断树的那个家伙谈话，他告诉我又去了那些白人所在的那边。那边非常干净，在这边的人们没有他们做得好……我猜是那边是自然干净。但是我只喜欢待在属于我的这边。

我们采访的在内瑟草地一位特立尼达足球运动员，他强调在公园东部居民区和与其相邻的居民区的条件之间的关系："这边的……人们不喜欢这个公园，而那边的人喜欢。人们住的建筑物应该是保证安全和完整的。你知道，你不能分离他们。他们应该手牵手一起出去，无论在公园或者公寓里。人们被阻断的事实，艾滋病（AIDS），补助金……教育系统没有能教育人们应该去喜欢一些东西（如这个公园）。每件东西都是死气沉沉的。"他也认为东部需要

> 更多的音乐会使其振作。你知道，他们也想喜欢另一边，但是他们害怕这里的文化氛围。我们这边也需要西印度群岛的艺术家们能演奏的音乐台……代替的是这边有一个滑冰场。这里的人们是非洲血统，他们很少用它——我并不是说他们根本不用它。但是我们需要音乐台。这有许多的钢鼓乐队（steelbands）。

正如上面所说的那样，为了林地运动，那个围墙建于 1996 年，挡住了通往公园的主要道路，加剧了种族的不安。一些参与者看到了那个围墙像有计划似地使黑人远离了公园西边更多的富人区。在一个夏天旋转木马那里（Carousel），一位被采访的男士说："他们使我们远离了另

一边。那里的工作是非常轻松的,给长凳刷漆、修草。他们设法分割公园……分割道路……阻断。分离……没有任何征兆。"

有人说公园在活动和个人行为上强加了许多的限制条件。例如,在 7 月的一个晚上,在欧申大街附近一群坐在板条箱上打扑克的其中一位说:

> 他们根本不想你再去烧烤。所以我们就玩骰子和刚才玩的扑克牌……有时,我们这块的人们喜欢在公园里做一些烧烤。但是现在你不能那么做,否则你会引来一些麻烦。现在,他们对我们制定了太多的条例。但是,有时人们不知道在公共场合可以做什么。我知道他们是想先在我们黑人身上试验那些条例……你知道,这里有太多的黑人。不能让我们接管公园啊!

谈到击鼓声事件,一位定期的参与者说:"在以前允许的时候我们经常那样做,他们向我们颁布了宵禁令,但是他们让贝克乐队进行到很晚。你知道他们这么做是为什么!"[8]

尽管有许多肤色的人用西部的公园,但是在那里,有些人感到不安,有些人感到缓解。草地拱形门附近一位坐在长凳上穿着轮式溜冰鞋的黑人说:"那天之前他看到了公园的工作人员,他对她说,老实说,在周末的时候你看不到更多的'姐妹'了,至少没有一个推着婴儿车出来玩的。"他说他不能进入那个树林,因为有些人看见他会尖叫:"怎么什么东西都在我们附近。"看见你独自一人溜冰或者骑车,他们会害怕。只有当我带着我的外甥女或者外甥的时候,我才会感觉舒服——至少人们看见你和小孩在一起会放松一点。

一群骑过自行车后在野餐的台阶上休息的大约十几岁的男孩接受了我们的采访。对于那个问题——在公园了你最喜欢什么?其中一个说:"白人滚蛋了!"我们不用看见他们就跑了,不用再害怕他们了——他们为什么害怕我们?噢喔,他们到底是什么样子的,从那边又来几个黑人小孩。其中一个说,现在走在公园里感觉安全了,许多的暴力事件也停止了。对于这个话题,另外一个小男孩回答道,你这是什么意思?!你是说所有的人都希望看到这样!他挨个指着他的朋友,补充说,"你两年后强奸,你三年后抢劫,你五年后变成了黑人。"尽管是开玩笑的,这些想法暗示出,如果种族歧视能被文化的偏向所限制,那些害怕黑人旅游者的白人自我也会转变。

景观价值观上的文化差异

我们的研究没有覆盖到的另外一个领域的信息是和公园景观价值上的文化差异有关系的。

63 我们调查的数据显示出——公园管理层和社区住户对于公园景观之间有着显著性的差异。这种差异是和文化限制的喜好有关系的,但是也和人们担心的安全问题有关系。

有人认为那些茂密的树林被忽略了,而且缺乏认真的维护。这会使他们非常吃惊,对于茂密的树林需要细心地维护的政策是深思熟虑的,而且不容忽视。我们采访的一位在范德比尔特(Vanderbilt)操场的哥伦比亚公园护理者抱怨有太多的带刺灌木植物:"现在在这里你看不到那个湖。它过去是非常干净的,有很好的维护。"然而这位女士认为这个公园是"我生活的必需品"。离开公园我将会死去。我在公园里的时间比在家里都多。她警告那个女记者不要穿过那个行车路线进入到公园内部。

从一开始，切割、修剪和疏林砍伐树木的林业行为就是一个有争议的问题（Zaitzevsky 1982；Graff 1985）。奥姆斯特德刚开始种的树非常浓密，然后在其长成幼树的时候开始间伐，这是一个明智的"利刀"。然而疏林砍伐成片的幼树所做的努力遭到强烈的公众抗议。在其第 33 次年度报告（1892 年）中，布鲁克林公园委员会写道，"种植园"在许多地方已变得非常拥挤。好多被挤到外面，迅速长大。这些原始种植的树起到了立竿见影的效果，【原设计者】原想以后有需要的时候移走许多的树。公园委员会承认在那些无知的大众喧嚣树木被砍伐和公园被破坏的时候，他们曾试图去砍伐掉一些树木。他们补充说，在过去的两年里，随着公民意识到他们自身的安全和种植园的美丽是非常必需的，砍伐树木的这项工作也得到了好转（45–46）。而且，在 1894 年的报告中，委员会提出了间伐"阻碍风景的细长树木"是必需的。他们指出，公园里缺乏色彩和大树，尤其是针叶树，需要收集不同种类的树，灌木以及植物品种和对比度。

查尔斯·艾略特，奥姆斯特德的弟子，在 19 世纪 90 年代也是奥姆斯特德的专业合作伙伴。在 1896 年评论的感受，大自然独自生产的景观比任何"故意修饰"更美丽。对此他的回答是"概括的否定"。米德尔塞克斯丘陵（Middlesex Fells）比林恩·伍兹（Lynn Woods）更有趣，他写道，"因为人不是自然。" 在米德尔塞克斯丘陵有更多的草地空地和领域，更多的高度和密度的林木品种。自然，的确是在不断努力地淘汰现有的不适应的品种，关闭了所有在紧密树干墙之间的道路。因此，如果保留了大自然，单调随之而来（Eliot 1999, 657）。[9]

疏林砍伐，使原有的有价值的树木能够不受影响自由生长。切割树木使原来的树林区的干净和观看视线得以维护，这无疑增加了景观的价值。20 世纪 80 和 90 年代，在亨利·斯特恩（Henry Stern）的领导下，纽约公园局坚定不移地站在了反对砍树这边。当局的公园林业工人凭他们的判断力来修剪、稀疏和砍伐树木都是非常受限制的。一天我们看到一个公园工作者在眺望小山丘（Lookout Hill）的山脚下的威尔豪斯（Wellhouse）车道附近采伐树木。当我们问起，他说砍伐树苗是为了保护车道边宝贵的玉兰。他根据自己的判断做这件事情，违反了不准砍伐的政策。反对砍伐和稀疏的立场。准许树木长到任何区域，通过草坪的修正保证不开放地区。许多稀疏的树林、湖岸岸边和净水区的林地在过去的已经得到恢复。林地这种程度的增长创造了更多的野生动植物栖息地，但是却限制了公园游客的使用。在这个区域，氛围更像是野生动物保护区而不是公园。

联盟认为密林的内部如同一个"森林"，与公园的休息区域是不同的。公园行政人员想通过使用者研究知道一件事情，那就是人们怎样使用和评价这个森林。然而，许多参与者并没有意识到这个公园中特别的森林。特别是西班牙裔人，他们说非常喜欢那些树和树荫，但是森林似乎有遮挡景观视线的问题，在帕克赛德大街和欧申大街交叉口处采访到得一位使用者认为"森林"在某种意义上包括社会空间，他回答说整个公园就是一个森林。尽管这一部分是因为对森林语言意义不同的混淆，也同样是不同文化差异下，关于森林是什么所产生的不同结果。对于许多的白人城市上班族，"森林"这一术语被想象成了哥伦布时代前的荒原。对于公园中的一些移民使用者来说，森林可能是有一些人居住的地方，一个有树木也同样有一部分乡村文明：农场、果园、村庄。对他们来说，运动场周围围绕的如茵的草坪、湖岸和开敞的草地都被看做是和茂密的林区一样，都属于"森林"的一部分。

结论

总而言之，数据显示了公园中各种各样的活动，这些活动可以通过文化类组别区分。在黑人中,占重要地位的是非洲–加勒比海的音乐和舞蹈。野餐和在野外做饭在有色人种里流行，尤其是墨西哥裔和其他说西班牙语的群体，但是明显很少有白人。在这类人群中的白人使用者，多是拥有高等教育和高收入的人群，他们将公园看成一种象征性的符号，事实上他们常常将公园看做锻炼或是逃离城市的私人自然地区避难所。说西班牙语的人比其他白人或是黑人使用者更喜欢和朋友成群结队或是和家人一起来游览公园。在使用者中，独自享受大自然，风景或是野生动植物的白人是非常多的。同样的，一些黑人说他们也有独自一人来公园的想法。如同一个黑人说的，"我不来评价这个公园，想起来就寒心。"

人们的文化路线的分歧遍布风景价值观之中，例如人们对重新造林的想法的一些评论。有些人喜欢开阔的场地与满是树木的林地和如画的公园风景；对他们来说，林地是属于公园背景的象征性符号，一般不是去游览的地区。同样的论调中，一些使用者更倾向于自然地开敞地、树木、绿色植物、树荫以及唾手可得的水面。他们欣赏遮雨棚、娱乐设施和可以坐的地方，他们的森林概念包含一些建筑成分。事实上，对于大部分说西班牙语的人——以在运动场地和其他开场区域采访到的说西班牙语的人为代表——暗示那些"森林"遮挡某些视线：对于他们来说能遮阴的树和开阔地就是森林。管理人员将内部的林地视为独特的森林区域，比那些运动场地、地块和道路上的娱乐景观要珍贵得多。

业余调查著作指出，黑人可能在城市公园或其他公共场地遭到歧视——尽管在那些地方有色人种居多。管理人员在人种志研究方面没有受过基础训练，某些行动可能造成看起来是对一些使用者的差别对待。例如，林地建设围栏分离了公园不同区域的交流。因此，一些在公园东边的贫困的使用者，认为他们被隔离出西边较富裕的区域。同样地，在边缘区域重新造林的政策没有基于有色人种要求干净、开敞地的文化角度来考虑，并将这些遗留的情况归因于官方的忽视。

出于几个原因，在吸引各种各样的人群和活动方面是成功的。首先，它本身处在一个交通便利的位置，并拥有自然化形式、开敞地和令人愉快的娱乐设施。空间格局是开敞绿色空间，被植被和地形特征分隔开，为人们的聚集提供了许多地方。这种布局可以使大部分游客找到适合他们的公共聚会或是私人独处的地方。正如我们看到的那样，许多地点已经被为一组或另外一组人认同，许多地方是经过种族划分的，也有些地方是通过活动划分的。

在地点划分中一个重要的变量是一个地方的建筑特点是以娱乐使用为目的，或是适合娱乐使用。其中许多社交活跃的地点与自然场地，植被，或是水边有特点的建筑有关联。西班牙人的野餐区域位于邻近公园快车道的西南边界，易于接近并且可见度很高。附近是两个运动场地，吸引了大多数家庭来此。人们在这里感觉到安全。一些铺装过的集中使用的地方不再对车辆交通开放—— 一个关闭的公园入口，一个旧的运输岔道——孩子们在这里滑旱冰，玩跳房子的游戏等等。非洲人的击鼓地点也是在一个明显的、容易接近的地方。它毗邻公园机动车道，并且在突出的帕克赛德–欧申入口的附近。

第二个重要的因素是这个将近300万人的地区中唯一大规模的娱乐场地，这些人中很少人有他们自己的院子。这意味着在可利用的开敞空间里对足够的活动区域有相当大的需求，不论他的条件如何。第三个因素，自从公园管理行政机关在1980年成立后，改进了管理方法并修复了一些公园的景观和设施，并且努力地工作吸引人群到公园中，并在布鲁克林居民中建立了公园赞助者。尽管那时游客人数提高了两倍，但是一个世纪以前，每年来这儿旅游的人数是那时的三倍。我们猜测公园现在较小的到访率是因为娱乐模式、富裕生活的改变和远处城市边缘的山区和海滩变得更容易接近而产生的，这也是对公园条件不能满足现在人们需求的一种回应。尽管公园比1980年的时候好了许多，但是比起一个世纪以前它的奉献、便利设施和维护标准都下降了许多。

阶级和文化差异的知识为公园环境尽可能反映用户的价值观提供了一个基础。联盟的公园重建计划首先是将公园作为一个生态系统和艺术产物需要保护和修复的，其次再作为城市公园。也许是重要的自然资源，但是现在的市民可以去稍微远一点的地方接近更令人满意的大自然。这座公园真正吸引人们的地方是它在自然化的场地中充满生气的文化生活。虽然保护自然和艺术资源是一件好事情，但如果能以丰富的文化为基础就更好了。

奥姆斯特德和沃克斯最初的设计提供某一"集会的地点"，如他们所表达的那样，目的在于容纳众多的游客。现在的修复工程致力于少有人去和仅有很少聚会地点的森林区域。一项管理计划是首先将公园视为一个社会空间，寻求转变以提高在使用和资源之间的协调。使用者研究产生的数据是有关使用、使用者和文化价值的重要来源。设想，如研究显示的那样，数以千计的游客喜欢在树荫下野餐，乐于接近运动场、水体和道路，为什么这些景观设计者不将这块活跃的区域建得更好呢？如果非洲裔美国人/西印度群岛人保持这种特别的击鼓和舞蹈活动那么多年，为什么不设计一个能容纳和庆祝的地方？如果能够观察到人们喜欢在溪流中嬉戏，那么稠密的河岸种植和防护栅栏不应该是修复河床的唯一方式。社会和文化数据不是计划编制的唯一标准，但是他们应该包括充分的艺术和生态需求。[10]

67

注释

1. 在2004年修复工程已经达到了草场半岛的半缘海岸线地带。然而，在这段里描述的仍然是以前的氛围。
2. 音乐会小树林与另一个建于19世纪80年代的音乐表演设施即音乐凉亭比，相形见绌。音乐会小树林的空间完整性在1960年被滑冰场的建筑物所破坏，被侵占了一部分场地。对于遮挡了景观视线的树木，眺望塔由于缺乏维护费用也不得不妥协。
3. 在2004年9月给作者的一封信中，托马斯先生（Ms. Thomas）写道：联盟对于公园的管理不作任何决定（我为公园和联盟工作）。决定修复公园的自然区域的是纽约市并由纽约市提供资金。联盟资助自然资源组织和教育计划。这非常重要，事实上这也是了解公众对公园支持，并且是私人合作伙伴的重点。我在1980年受雇于公园，成为一个管理人员。作为一个管理人员，决定允许在公园中烧烤和打造桌椅以开发野餐区域。给宠物狗拥有者以特权，恢复每一个运动场地并修复由政府打造的树林。
4. 在2004年9月对本章的检查中，管理人员托马斯写道：对我来说主要的问题是你从研究到现在经过的时间——10年。从1996年，我们是一个发达的、强大的社区委员会；我们在公园东边的花费了数百万美元；我们甚至发展了更多的烧烤与野餐区域和有效使用区域，但是保留了多样性。我们发现墨西哥/南美洲人口已经被新的移民——俄罗斯和巴基斯坦人所取代。
5. 查尔斯·普赖斯-雷维斯（Charles Price-Reavis）是北卡罗来纳州大学教堂山分校的一名人类学助教。

6. 不提供野餐服务和供应。主要的楼层出租给私人活动，地下室是管理人员办公室。建筑中有公共洗手间，一个投币电话亭和一个糖果和饮料的自动售货机。

7. "无轨电车"是类似于敞开的老式有轨电车的一种公共汽车，在公园中转一圈然后在终点附近停下。

8. 露天音乐台在公园的西边。

9. 米德尔赛克斯丘陵和林恩·伍兹是波士顿附近公共区域，与查尔斯·艾略特和都市公园委员会有关。每一个大约2000英亩。米德尔塞克斯丘陵是在1890年代获得委任的公园之一，林恩·伍兹是在1878年林恩听从了弗雷德里克·劳·奥姆斯特德的建议而建造的（Cushing 1988）

10. 管理者托马斯对本章的评价是：许多时候政府对公园的决定是非常对的——例如维修东边海滨候鸟迁徙栖息地，恢复地标设计，改善公园建筑物。甚至在20世纪80年代，在不同的社区委员会创立之前，有一个咨询委员会、五个社区董事会、当地官方和10个评论小组。每一个基本工程项目都广泛地包含进了特殊用户组。

第四章　埃利斯岛大桥提议
——文化价值，公共场地使用和经济

简介

　　1994 年，美国国家公园局要求公共空间研究组帮助调查本地市民对于修建一座从新泽西州的自由州立公园（Liberty State Park）连接到埃利斯岛的大桥的意见。在移民站迁往纽约以前，埃利斯岛是美国移民局的驻地，也是美国移民历史的象征。1892—1954 年，有超过 1200 万的移民都是在这里注册登录美国的。有超过 40% 的美国市民追溯起他们祖先的历史，都可以发现他们曾在此通过。在早些年，当移民大量涌入，埃利斯岛作为"开放门户"代表了美国接纳增长的文化多样性的政策。在 20 世纪 20 年代，颁布了限制移民的政策之后，入境人员在这里聚集等待入境或被扣留。移民需要通过一系列的体检和法律程序检查合格后方可批准入境，不合格的则被驱逐出境。1954 年埃利斯岛被关闭，直到 1965 年约翰逊总统将其作为自由女神国家纪念地的一部分。岛上的主要建筑物在 1983 年开始修复，1990 年开放埃利斯岛博物馆。

　　修复工程包括泽西城的一座大桥，这座桥从埃利斯岛到自由州立公园横穿 400 码的水面。这座大桥可以使车辆，组织人员通过，并且替代只依靠水运所带来的昂贵费用。这座桥将被展现在所有人的视野中，包括在自由州立公园散步的人。公园使用者询问是否能走到埃利斯岛，答案是否定的。这座桥是建来用于服务埃利斯岛的建筑修复工程，并没有打算对游客开放。然而，公众呼吁这座由国会拨款所建的桥应该是永久性的，允许行人自由通过，但限制车辆通过。作者是这项大桥项目的环境影响评价人员。若干年后，永久性桥的建议被废除，按照推测这座桥仅会用于公共事务，禁止民众通行。

　　到达埃利斯岛只能通过渡轮，即从自由女神像到博物馆的路程只能依靠渡轮。多数游客在位于纽约曼哈顿南端的巴特里公园（Battery park）一站下船离开渡口，但是从自由州立公园到新西泽州码头的路程仍然受限。长久以来，对于埃利斯岛的管辖权争论不休。纽约和新西泽州共同管辖该岛及其周围水域，并共享埃利斯岛的税收。然而对于大多数游客来说，埃利斯岛是纽约之旅的一部分。

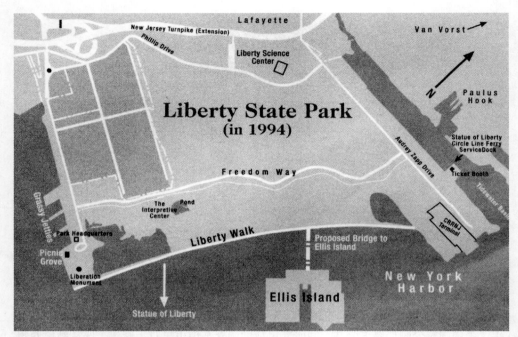

地图 4.1 自由州立公园和被提议的大桥

为了使新泽西居民更方便进入埃利斯岛，新泽西州的弗兰克·劳滕伯格（Frank Lautenberg）参议员向国会说明情况，并预计拨款 1500 万美元来建造一座由自由州立公园到国家公园服务点的大桥。他指出新泽西州的人们需要更方便到达距他们的海岸线仅有 400 米距离的岛，这也将会促进旅游业的发展，并也鼓励新泽西州的居民参观这份国家财产。而且，这也将会带动新泽西州地区的自由州立公园的发展。

纽约和新泽西州的文物保护组、为进入埃利斯岛提供服务的环线渡轮公司、旅游管理部门和市长办公室通过举行公共会议组织反对派来说明建桥对于经济的不利影响。纽约时报撰写了一系列的尖锐的评论，来描述面对接二连三的期望建造新路径的游客，新泽西州方面的应对是无能的。以往移民进入的入口是通过水运，纽约艺术协会和国家公园管理局担心，建造这座桥将会破坏游客对于游览区的体验。然而，事实上没有人讨论，将会受到最大影响的泽西城居民、公园的使用者以及其他周围地区。

我们受雇于 NPS（国家公园管理局）来收集被忽略的评论。人行天桥和其他三种选择——渡口津贴、高架轨道和可行性隧道，这三种方法是从民族远景来考虑的，也就是说考虑了文化契合性及与全体人民相关的未被调查出的公民意见。我们调查的对象有巴特里公园和自由州立公园；两个公园的服务商，包括销售商和小规模的游客服务；邻近自由州立公园的泽西城居民；还有一些特殊人员，例如儿童，老人和残疾人员。"传统文化组织"——这些人的家人是通过埃利斯岛进入，或者他们本身就是从这里移民过来的。这些与埃利斯岛有象征性联系的人接受问卷调查，与此同时，其他一些对此事感兴趣的社区成员早已参加了早期的公众听证会。

方法论

我们的研究集中在"选民组织",这些人共享文化信仰、价值观,并且他们被建造大桥的提议或其他选择的影响的方式有可能也是一样的。我们的目的在于发展一系列小组,这些小组将会反映不同的使用者、居民和提供向导的公园接见人员的多样性意见。我们接下来对快速人种志研究方法(REAP)进行修改,收集需要的资料,这将在第八章进行讨论。对于被调查选民意见的鉴定,将在下一页表 4.1 中列出。

我们用了一些 REAP 方法。行为映射方法是在每个工作日和周末的早上 8 点到晚上 8 点到巴特里公园和自由州立公园取样调查。物理痕迹映射方法是记录每天早上两个公园的酒瓶、注射针头、衣物和收集物的腐蚀程度。我们和采集者在巴特里公园完成一个四小时的抽样区调查(由当地的旅游向导引领下到达的重要区域;见第八章),并完成了在自由州立公园和当地图书管理员与社区活动成员的漫长的调查行程。

依靠被访问者的优先权,在西班牙、俄罗斯或英国的个人的访问都已完成。这次访问的译本也被邻近的保路斯胡克(Paulus Hook),凡福斯特(Van Vorst)和拉斐特(Lafayette)三个地区所使用。我们在巴特里公园搜集了 41 份访谈资料,在自由州立公园搜集了 76 份访谈 72 资料,共计 117 份个人访谈资料。

对于专家的访问收集来自那些被认为对埃利斯岛大桥建设和其他选择有独特见解和评论的人。例如销售商协会代表、社区委员会主席、规划委员会负责人、本地学校的老师、本地教堂的牧师/神职人员、本地学校的校长以及来自巴特里公园和自由州立公园管理处的代表。我们在巴特里公园收集到 4 份专家访谈资料,自由州立公园收集到 5 份专家访谈资料。在附近地区我们同样也收集到 5 份专家访谈资料。

临时访谈组设在人流聚集的外部公共场所,或者与教堂人员组一起组织讨论方案选自的特殊会议。这是一个开放性的会议,任何感兴趣的社区成员都可以加入我们的讨论组。我们将访谈组设在邻近的理发店、设在人们等公交的街头、设在本地公共图书馆、在门前露台、在门廊前、在酒吧和餐厅里、在天主教女修道院、在星期日早上的教堂前。我们总共在居民区收集到了 113 份临时访谈资料。

焦点小组是由那些对于我们认为非常重要的,理解建桥的潜在影响的选民中建立起来的。与大的、开放性的访谈组相反,焦点小组是选择出来的能反映弱势群体的 6—10 个人组成的。这些人包括小学生、老人组和残疾小组。我们通过代理机构获得许可来运营组织小组的活动。对于儿 73 童焦点小组来说,焦点小组已经成为选择指定的活动组织之一。在英国和西班牙讨论会,由服务管理者录音记录。调查收集的焦点小组为两个学生焦点组(21 人)、五个老人组(32 人)、一个将说西班牙语的教堂人员组(17 人)、一个浸礼会教友的非洲裔美国人小组(18 人)访谈资料,共计咨询人员 88 人。总共咨询人员总数为 318 人。收集结果包括对选择方案的内容分析,列出了同意和反对建桥的表格,总结各小组态度的价值导向分析。

表 4.2 展示了这种方法的使用,每个项目花费了多少时间,这种信息是怎么产生的,以及可以学到什么。

	埃利斯岛大桥选民组织	表 4.1
巴特里公园	自由州立公园	临近的泽西城
无家可归的居民	无家可归的居民	当地居民
销售商	销售商	销售商
本地商业（小商贩）	本地商业（小商贩）	本地商业（酒吧，理发店，杂货店）
交通服务	交通服务	室内停车场，公共汽车，铁路车辆业务
街头表演者	文化和科学协会	文化和宗教协会
公园使用者	公园使用者	公园和街道使用者
NPS 公园管理员	公园管理员	本地学校
游客	游客	游客
巴特里公园保护组织	自由州立公园之友	社会服务和非营利组织（老人中心，课后计划）

	埃利斯岛：方法，数据，期限，过程，启示			表 4.2
方法	数据	期限	过程	启示
行为映射	地点的时间/空间地图，现场记录	2 天	描述现场的日常活动	区分白天可能会受影响的活动
物理环境映射	遗留在公园的垃圾和衣服的记录	1 天	描述现场的物理环境	辨别可能对于晚上的活动所造成的影响
抽样调查	抄录访谈记录和顾问的场所地图，现场记录	4 天	以社区成员的观点描述该场所	社区中心对该场所理解，当地的意义，识别宗教地区
个人访谈	问卷，现场记录	10 天	描述选民组织的回应	社区和使用者对于建桥提议的回应
专家访谈	深入访谈记录	5 天	描述当地机构和社区领导的回应	社区领导者对于建桥提议回应
小组访谈	现场记录，录像或录音记录	5 天	记录不同社区小组和他们对建桥的意见	在计划的过程中涉及了邻近社区和教堂组
焦点小组	现场记录，录像或录音记录	2 天	记录小组讨论时出现的争议	使价值取向类型的方法的发展成为可能

调查结果

巴特里公园

地理环境

巴特里公园是纽约的各大公园和娱乐场所之一，这些场所包括公园、运动场地和其他公共空间等共计 1500 处。巴特里公园是一个泪珠形的地带，位于国家大道，巴特里地区和纽约港之间。大约覆盖了 23（22.98）英亩的面积。设有木制长凳的蜿蜒的小道把公园分成有树荫和野餐桌点缀的开阔草坪和由小围栏维护起来的各种各样的纪念物。黑色的铁质围栏将公园的周界围绕，与周边地区区分开来。贯穿公园的许多非正式的小道，是由公园的使用者长期行走使表面侵蚀而形成的。最大的草坪区域，大草原（Great Lawn），被树和围栏围绕，游客是不允许进入这个区域的。

游客入口位于保龄球场（Bowling Green），在国家大道和巴特里区的交叉口处，游客乘地铁4、5号线即可到达。入口的东边是城市旅游公共汽车站，在公共汽车站的那一边是出租车候车点。在入口的西边是另外一个旅游观光公共汽车站。艾森豪威尔林荫道（Eisenhower Mall）是希望花园（Hope Garden）旁边的一个两侧都种有树木的步行道，它将公园的主入口连接到克林顿城堡（Castle Clinton）。艾森豪威尔林荫道西边较低的地方洗手间，由于修建而暂时关闭。克林顿城堡，是建于19世纪初的圆形的红色石头城堡，是在联邦管辖权之下的国家遗址。在城堡内有包括其自身的历史展览、办公室、礼品商店、环线售票亭。人们可以在环线售票亭购买到自由州立公园和埃利斯岛的船票。这是公园里游客活动的主要场地。克林顿城堡有两个入口，分别位于艾森豪威尔商业街和海港的海军上将杜威步道（Admiral Dewey Promenade）在两入口处都排列着有手推车小商贩。下雨的时候，克林顿城堡上的炮位口径被年轻的情侣或游客用来躲雨；在夜晚来临的时候，又为无家可归的人提供避难所。整个结构被围栏围住，作为在此等候登船去自由州立公园和埃利斯岛的游客的控制线。

海军上将杜威步道是一个弧形的游憩场地，它将克林顿城堡连接到海港和公园最南边的边缘轮廓地带。顺着散步场地的东边是纪念广场，一个废弃的电话亭，一些露天餐厅，还有

图4.1 从巴特里公园到埃利斯岛的环线渡口

在海港停泊的船只（图 4.2）。在克林顿城堡和公园的最南端有着各种各样的渡口码头和海港码头。在散步场地之上的一些被抬高的地方林立着一些收费双目望远镜和休息长凳。小商贩和街头艺人将他们的工作集中在散步场地和那些被抬高的区域。散步区域宽度刚好足够表演者给前面站成一线的游客表演，小商贩兜售 T 恤，自卸卡车和巡逻警车的通过（图 4.3）。

图 4.2　巴特里公园，远处的是克林顿城堡

图 4.3　出售的漫画，巴特里公园

在公园的东南部是一个卫生间，市政工人的更衣室位于在活动场地的角落里。在活动场地的西南角，是荒废了的掷蹄铁场地。铁质的桩还在，周围野草丛生。唯一的入口被锁链锁住，然而，这里的长凳却经常被无家可归的人占领。在活动场地的另一边穿过大街的对面是一个小卖铺，几个手推车小商贩，还有 1 号、9 号地铁线的入口和斯塔滕岛渡轮码头（Staten Island ferry terminal）的入口。在小卖铺的前面是一些便携式的野餐桌，城市公共汽车站也在这儿。

社会环境

公园的访客包括旅游观光者，华尔街午餐时间的聚集地，纽约和新泽西居民也喜欢光顾这里。那些积极的公园使用者在这里散步、购物、骑单车、轮滑、钓鱼等，那些不太积极的使用者则在这里休息或观察。

尽管旅游观光者大多集中在渡口附近、出售纪念品的小摊或观光公共汽车附近，但是你仍然可以发现他们遍及整个公园。他们的活动由散步、吃东西、休息、观察和购物组成。旅客流离开后通常涌向那条连接到杜威步道的宽阔道路，最终到达大草原区域。工作人员在他们的午饭时间多数坐在太阳照射下的艾森豪威尔林荫道中，在大草原附近的野餐区域。他们在这里看书或看杂志，吃自带的午餐，戴着耳机听音乐，两个人聊天或是一小群人聊天，或者到东边的餐馆吃饭。其他使用者休息时坐在面对水面或城市的地方，消磨时间或是等朋友。附近语言学院的学生在不上课时会来到这里约会，或者和陌生人交谈来练习英语。其他的游客在进行各种各样的活动，使用着公园的不同区域。钓鱼爱好者大都集中在海港的一端。自行车和轮滑的爱好者多集中在散步道长廊。晒太阳的人多集中在散步道长廊的边缘，因为那些地方树荫最少。

几个不同的小组和娱乐工作人员为巴特里公园服务。国家公园管理局位于克林顿城堡门口，在这里为游客提供指引，或对游客提供公园中和周围地区的向导。城市公园和娱乐的雇员遍布，来保护和维持公园。几个城市雇员定时在活动场地的野餐桌前吃午饭。一辆警车巡逻来确保安全，你通常会看到警官会与无家可归的人或者非法的小商贩谈话。

在巴特里公园有各种各样的小商贩。三家商贩公司——两家是卖食物的，一家是卖纪念品的——在公园内有固定的摊位。另一种是手推车公司，他们大多雇用移民来经营，他们的位置通常设在公园入口、克林顿城堡和旅游巴士站附近。第三类占据在公共汽车站和渡口附近。独立的小商贩通常分布在公园的两端。一周有两天在国家大道和草地保龄球场有跳蚤市场。参加跳蚤市场的卖主制定售货台，出租一整天私人的公司的场地。大多数参加露天跳蚤市场的卖主都是移民。

环线渡轮工作者位于公园的四个地方。主要售票亭在克林顿城堡里。想要买票的人们的队列排到了堡垒的门外，在游客高峰期，队列可以绕建筑排列成环线。另一个小的售票厅在公园中城堡的外边，然而那里却常常没有工作人员。几个人负责在渡船停泊的时候使船入港停放在靠近斜坡处。最后，几个年轻的男人和女子检票并监督人群使其沿着步道排成一长队（在 9·11 恐怖事件之后，增加了金属探测器检查一项）。

大多数街头表演者是移民过来的，他们将表演地点设在人们等待上船的步道长廊那里。表演者在晚上回来的时候需要返回到公园的最西边接近海上旗杆的地方。街头表演者的表演项目包括：特技摔跤、哑剧表演、滚筒、号手、风琴和吉他表演、唱歌、珍奇野生动物展览。

表演者每天的大部分时间都待在公园中，他们与游客、来访者、其他表演者互动，光顾手推车商贩。

有一些市民在公园中收集被丢弃的易拉罐和瓶子来兑换5美分的硬币。当遍布公园的垃圾箱没有被清理的时候，他们的收获机会就会增加。有些易拉罐收集者也和商贩与公园工作者达成非正式协议，将瓶子特别留给他们。

那些无家可归的人和无业人员居住在公园中。成群的无业男女聚集在公园的东部。战争纪念碑石板为睡在长凳上的人们提供一定的隐私性，大片健康的草地，卫生间，流动的喷泉，所有这些在公园中的东西都是无家可归的人的宝贵资源。无家可归的人遍及整个公园，包括那些游客都禁止入内的地方。流浪者服务中心位于斯塔滕岛渡轮码头之下，在那附近地方有一个施粥场。

选民小组的调查结果

选民小组咨询分15组。关于这些，12个小组因为工作相关性是在公园中，两组是以娱乐为目的，一组居住在公园中。总共咨询41个人，35个男人和6个女子。一半是本土人，分别是非洲裔美国人和白种人；另一半是来自非洲、欧洲、南美洲、加勒比海和中东国家的移民。接受访谈的还有一位男子，他既不是永久性的移民也不是美国公民。

对于这些咨询，有28个人在我们遇到时正在公园工作。接下来是由不同的工作者概述，表达对于进入埃利斯岛的种种问题的看法。

大多数街头表演者知道建桥的提议，并认为这直接关系到他们的工作。还有一些人认为建一座从自由州立公园到埃利斯岛的大桥可能会减少巴特里公园的游客数量，因此对于他们自己创造的现在这种充裕的生活水平会有不利影响。他们认为公园的销售额也将会遭遇这种情况，并且他们认为钱应该花在不同的地方。他们同样认为那些选择是"浪费税款……应该放弃……花6美元就可以坐在船上与微风相伴，是如此美丽。"（现在的标准是7.5美元。）

对于新建的连接到埃利斯岛的大桥，那些使用手推车的食品商贩认为这样做会带来积极影响："这座桥一定会非常好——很多的人将会去使用他——这就意味着更多的顾客和更多的商机。人口在不断增长，应该有更简单的到达埃利斯岛的方法，那么建桥的话就可以做到这一点。现在想到达埃利斯岛的人们不得不排成长长的队列等待渡船……这是美国的选择。人们应该也有选择的权利。"那些自由手推车商贩同样认为建桥是有益的，正如一个人所说，"如果新泽西州的游客通过渡轮从埃利斯岛到达纽约，潜在的影响会给巴特里公园带来更多的人。"非正式的商贩想要了解更多，但是普遍认为建桥是"一件好事情……我可以和我的孩子们一起去那里"或者"去那里散散步也非常好，而且对于散步来说又不算太远。"跳蚤市场的经销商们也同样乐意利用这座桥。

另一方面，一个易拉罐收集者说他认为建桥提示是在"浪费纳税人的钱……现在那么多的人在接受救济生活……人们需要房子，工作，并让孩子们离开街道。"他认为这座桥将会影响在渡口工作的人们和捡易拉罐的人们，"你不可能在联邦的财产上捡易拉罐。"有三个城市员工赞成："这比坐船好多了。"其他人则认为，建桥或者是其他的任何选择都将会影响他们的工作。一个参与者代表小组讲话："许多来自新泽西的人们去纽约……这需要经济承受能力之外的一大笔钱，有可能使我也失业了……我有孩子……我需要我可以得到的所有的钱。"然而，公园管理者认为："桥和船并不会有什么不同，尽管渡船是行程的一部分……但是增多的游客量会对环线渡轮产生一个好的协调，使之平衡。对更多对话的需求……如果没有环线渡轮在这里，人们也会来得更少。"另一些管理者说："这对公园没有任何影响……游客到达纽约后待在曼哈顿，这将为游客提供便利……这座桥对于新泽西州是一个极大的便利，你可以把车停在那儿。"他们的回答一致，然而，到达埃利斯岛的关键体验是通过水上运输。

最终，渡船工作者关心道："这会损失我们的一些乘客，但是真正的问题不在这里，是购票问题。人们将会不用支付任何费用就可以到达埃利斯岛，不过接下来就会去自由州立公园。这个问题将会区分人们想去哪里，到哪个岛屿……会损失多少不知道的收益，但是肯定的是收益会有所损失。"

剩下的小组是与娱乐相关的选民组，包括11位男人和女子，访谈时这些人正在巴特里公园娱乐。其中有6位是被动的公园使用者（闲坐，阅读，等待，晒日光浴），还有5位是主动的公园使用者（骑自行车，轮滑，钓鱼）。这些人中，有百分之五十的人认为桥将会增加某天他们可以接近埃利斯岛的机会，而且这也确实是个不错的主意："一个步行桥听起来似乎不错……要是汽车也能过更好。"大多人不喜欢其他选择方案，因为有些可能没有从生态的角度考虑，或者是太过商业化。"这里有很多湿地，那些方案可能会影响环境。"一个人认为使用隧道连接将会保护埃利斯岛的身份地位。

有一些人强烈反对建桥："我更喜欢渡轮……放弃建桥吧……结束那些不必要的花费……将那些钱留给那些无家可归的人吧。"另外有些人说："这将会破坏埃利斯岛的美丽，有些事情最好是放弃……埃利斯岛的历史上并没有一座步行桥……建桥的计划还是放弃吧。"还有一些人则强烈支持："这是一件好事情，会给人们带来更好的生活和更多的工作。""新泽西的居民需要这座桥……如果他们在那有小卖铺，将会受益更多，也就是说这将会带给人们更多的选择。"在这里生活的渔民担心选择的那些方案对环境的破坏："这将带给河流环境多少危害！他们从来是照他们的想法建设……而渔民却毫不知情，直到工程全部完结。"

对于居住在公园的人士的咨询，是在公园中心进行的。咨询对象是一个中年非洲裔美国人和一个年迈的欧洲美国人，当时他们正坐在长凳上。其中一个人对于访谈不是特别感兴趣，而且对建桥或其他选择可能会改变公园毫无所知。另一位人则是强烈反对建桥。他考虑了建桥和其他选择方案是对金钱的浪费。他的问题是："谁为这座桥的建造来买单？"

总的来说，选民组研究范围从表示强烈关心建桥和其他方案带来的消极影响到强烈声明建设桥（隧道，高架轨道）带来的可接近性和机会的影响是积极的。关于补贴渡轮这一项并没有使巴特里公园产生明显的回应，也许是大多数接受访谈的人没有考虑要去埃利斯岛，所以对于不坐船的他们，补贴不是一个焦点问题。出乎意料的是，由于增加了新泽西州到埃利斯岛的可接近性对于销售商可能会有潜在的消极影响，这一点并没有被十分关注，而且事实上关注的较多的是有关建桥或其他方案的积极影响。然而，街头表演者仍需要一定数量的游客来维持生计，对于将会影响他们工作的事情，他们非常关心。

服务管理人员，城市雇员，公园雇员，渡轮公司代表人，易拉罐收集者和旅游公共汽车司机都认为增加新泽西州到埃利斯岛的道路会对他们工作、利益和工作环境产生消极的影响，这并不奇怪。这些人的利益与巴特里公园息息相关，那些经销商和工人们并没有察觉他们和公园有如此紧密的关联。

81

价值取向分析

人们在思考建桥或其他选择方案所带来的影响时，有许多不同的价值取向。这些价值取向未必预示出了哪种选择或被访问者的看法（正面的，负面的）是最合适的，但是却能反映参与者对于问题本身的深刻理解。这些价值取向代表着涉及的类型多样，这都是社会影响评价过程中必须解决的问题。

价值取向名单（表 4.3）是在巴特里公园搜集的，记录人们对于建设通往埃利斯岛的通道回应的一个提炼。价值取向的排列顺序是按照在个人访谈时被访问者谈到的次数（从被提及最多的到被提及最少的）排列的。大部分参与者讨论到的价值取向不止一个，回应总数是（116）大于被调查人数（41）。毫无疑问，关于巴特里公园最普遍的价值取向是经济（23），反映了多数被采访人员关注的焦点（28）。但是也有大多数人的回应是关于访问权，选择权利社会优先权（42），包括对于这个提议对大多数人所产生的社会影响的评估。只有 8 个人仅仅关心提议的改变会对他们自己产生影响。

巴特里公园的价值取向 表 4.3

价值取向	例子	投票数量
经济	"对于商业有利" "对渡船公司不利"	23
访问	"将会允许更多的人进入埃利斯岛"	13
社会优先权	"应把钱花在那些无家可归的人身上" "我们应该帮助孩子们远离毒品"	10
选择权	"你将会失去渡轮这一选择" "这是民主的，人们可以选择步行或是交通工具"	9
健康和娱乐	"对于孩子们来说步行非常有趣" "步行有益于人们身体健康"	9
政治的	"这是纽约和新泽西争执的一部分" "这是一个政治上的烫手山芋"	8
个人的	"我不想步行"	8
审美的	"从桥上可以看到漂亮的风景" "桥看起来会怎样？"	6
公园质量	"这将会提升埃利斯岛"	6
新技术	"这是一个进步" "这非常现代"	5
安全和舒适	"人们觉得在桥上会觉得比在隧道中安全"	4
教育	"人们可以学到一些东西"	4
生态	"这是一个湿地"（应该被保护）	2
无影响	"这不会有什么不同"	9

自由州立公园

地理环境

自由州立公园位于新泽西州的泽西城，沿着纽约湾的海岸，共占地1122英亩。在20世纪60年代这个地方曾是铁路站点，但是后来那里所有的客运和货运已经废弃。新泽西州获得了这块土地并逐渐将其改造成了公园。公园的初次开放是在1976年的6月，刚好赶上全国200周年纪念庆典。公园的使用土地开发至今大约有300英亩，大多集中在公园的南边和北边的边缘地带。 83

南部地区，是最早建设和开放的，也是自由州立公园最集中使用的区域。包括绿草覆盖的场地，公共汽艇，沿海滨的步行道，宽阔的停车场，以及包括食物供应站、洗手间、游客咨询的公园服务中心。与服务中心毗邻的是野餐小树林。同样是在南部地区，从余下的公园的一部分出发，就是一个游泳池和一个网球场。游泳池经常使用，但是网球场已经破损失修而且场馆一般是被锁上的。

公园北部地区有三个普遍活跃的中心，被寸草不生的平坦土地所分隔开（图4.4）。有两个比较活跃的中心在近年来成为主要发展地：自由女神科技展览馆中心，轮渡码头的新泽西中央铁路（CRRNJ）广场和被修复的井口木质建筑。高耸的候车室屋顶和广场现在作为了展览、演讲和各种特殊活动的场地，而且一项新的渡轮周末服务将再次把中央火车站终端连接到纽约闹市。乘客在这里登陆然后乘坐小型公共汽车走奥德雷萨普车道（Audrey Zapp Drive）到自由女神科技展览馆，这个展览馆开放于1992年，是一个可以"亲身参与"的科学馆，吸引了许多学生和来自世界各地大都市地区的游客。科学展览馆中心始建于公园的西部，远离新泽西铁路的终端。

图4.4　自由州立公园北部的草地

北部地区的第三个活跃集中区域是埃利斯岛客运码头和自由女神像，位于沿潮水流域的区域。到国家纪念碑的游客可以在奥德雷萨普车道对面新建的停车场停车，在新泽西铁路终端列车棚以西，沿着街道走到渡船码头，渡船来来往往的间隔大约是45分钟。邻近码头有一个由渡船公司管理的售票站、一个电影院和纪念品商店、几张野餐桌、被保护的候车区、几个卖点心的手推车商贩和一个公厕。

自由州立公园的南北区域由两条走廊连接，这连接部分基本上是没有经过开发的。两条平行的自然形成的道路，一条是自行车道，一条是慢跑道，通向解说中心。解说中心是一个有教育意义的游客中心，它展示了公园的盐沼栖息地，是公园指定的"自然区"的大门，该自然区由60英亩的盐沼和受保护的山地栖息地。另一个连接走廊是长 $1\frac{1}{3}$ 英里的自由步道，这是一个新建的沿着水域边缘的长廊，从这里可以看到纽约湾与埃利斯岛的全景，自由岛在这里是全景有特色的中心。目前埃利斯岛大桥打断了自由步道，被打断的区域大约是步道的三分之一，是从新泽西铁路终端附近的北部末端到公园服务中心南部末端区域。

社会环境

最受欢迎的区域包括围绕解放纪念碑的周边走道、公园服务中心的东部和通过横穿南边浅滩的高架桥延续到此地的自由步道。离这个区域不远的地方有两个大的停车场，在这里看海湾视野开阔，还可以看到纽约的天际线。自由步道有许多长凳，人们可以坐着在这里休息，还可以观看赏心悦目的风景并感受到宜人的微风。从自由步道的最南端，行人沿着海岸线的小路越过纪念碑、周围的野餐小树林，然后越过在南部轴线上的延伸到海湾的一系列的码头。有保护设施的长凳沿这条路线较小间隔摆放下去

自由州立公园里长满青草的码头是人们最喜欢晒日光浴的地方。人们从他们停车的地方到码头仅需要几步之遥，他们带着折叠椅坐着或躺着，一个人，或是一对，或者是一家人聚在一起。停车场和码头间的小路是老年人的常去之地，多为男性，常常一对或一小群友善地坐在有保护措施的长凳上，或者散布在有悬铃木遮阴的小道上。傍晚时分，有些人会随意地把车停在停车场里接近水边的地方，并不出来，静静地凝视水面。

野餐小树林常常有一些家庭、有组织的群体，或者是一些单独的个人来光顾。人们可以在公园服务中心的食品站买外卖食物，但是多数是自带野餐，有些人会在这里进行烧烤。野餐小树林和邻近的场地包括纪念碑，是人们乐意陪孩子或是放风筝的地方。有的家庭也会沿着自由步道一边散步，一边欣赏眼前的景色，但是多数人会中途转弯回来。有些人会使用位于海岸的栏杆边上的付钱望远镜。

大多数人不能走完自由步道的全程：它太长而且中间的延伸部位设计的花样又很少。大多数步行走完全程的是为了运动。进行慢跑的人们常常是一个人，而那些散步的往往是成双结对。有些人走到自由步道的另一边然后再返回，还有些人会走完整个自由步道和自由路。自由步道也是人们喜欢骑单车和轮滑的地方。南部和北部的小海湾是人们喜欢钓鱼的地方，尤其是在早上和晚上。钓鱼爱好者常常一待就是几个小时，而且他们大多数相互认识。例如，有的钓鱼爱好者离开10分钟或15分钟，沿着步道散步，有的时候停下来和他的钓友们聊天，然后再返回他的钓鱼地点。

在公园北部区域的埃利斯岛和自由女神岛的环线渡轮码头一整天都有活动。游客开车到

纪念碑那里，把车停在轮渡码头对面的收费停车场。游客在买票之后，登船之前，往往需要等一小段时间。一些人在这种时候会去浏览纪念品商店或手推车，另外一些人则会坐在长凳上或者是野餐桌旁等待。到自由州立公园纪念碑的游客很少会到处逛，不像在渡轮服务码头和停车场那里的一样。

有少数的人会在水域和奥德雷萨普车道间做传球的游戏或者是晒日光浴。遛狗的人们会让他们的宠物狗在凡福斯特公园的开场地块上奔跑。东印度群岛人用这块地更西边一点的地方作为聚居地，集聚时间主要在星期五的晚上。在最近一个星期五晚上，女人们穿着莎丽服和孩子们坐在一起围成一个圈唱歌，而男人们成群地在一起聊天——大约50人。

在新泽西中央铁路终端的砖砌广场，白天的时候，偶尔也被用来举办一些典礼。例如由美国新泽西城消防部门承办的美国国旗纪念日。夏天周日的下午，在这里，有赞助商赞助的爵士乐演奏会。在非常阳光的一天的晚上，人们会开车去这个广场，把车停在紧邻渡轮码头的免费停车场，在此看日落。在工作日，新泽西中央铁路的终端很少被那些观看古老的候车室的历史陈列、用厕所的或观看建筑的人们所用。然而，在周末，它会被用来举办一些重要的大事，比如民族节日或者收藏品的展览等等，会吸引成千上万的人们来这里观看。

选民小组的调查结果

我们咨询了分散在不同的选民组里面的76人。在这12组里面，其中的5个曾在自由州立公园工作过，他们有的是工人、有的是行政人员、有的是志愿者。另外一些人是这次组织组里面的领导。另外的49人是因为他们自己喜欢在这里消遣。在这次的参与者中48个人是男士，28个人是女士；52个人是出生在美国或者它的所属地，而16个人是移民。

在调查结果中，有27个人在这个公园工作。我们同6位老师谈话，他们对埃利斯岛深有感受。其中的一位说："在修整以前，它就像是同你说话的墙壁。现在它太漂亮了，但是却显得太真实、安静了。走在里面充满着敬畏和悲伤。"他们听说要在这里面建一座桥，而且设计建造已经开始了，他们认为这是个令人振奋的消息。它对环境是无害的，它将更方便人们进入公园，较低的消费会吸引更多的游人。对一些家庭来说坐渡船来这儿玩是一个不小的开支。其中的一位老师说，通过桥步行进入埃利斯岛将是人们心中所望。希望那是历史性的时刻，对于我来说，我的旅行的目的地是埃利斯岛不是坐船。他们能更容易跟他们的学生探讨这个岛。他们每年会有一次去埃利斯岛旅行，而学生在两个小时的课堂上学到的有关于它的知识是有限的。另外一位女老师，一位年轻的新泽西城居民，她说"走在那座开放的桥上你会不知不觉地走到尽头，我是一个步行爱好者，我喜欢步行，那是让人很愉悦的一件事情。"

我们采访了露营在公园一个空地方的公园维修工，他们正在吃午饭，他们都反对建造这座桥，因为他们担心他们增加的更多工作量和他们的收入不成正比。不过这个有选择性的通道会让这些人感到新鲜和高兴。然而，这个工作组的领导却从另一方面赞成这个桥的提议，他认为，桥的开放会增加一些公园服务人员，从而他们的工作量会相对减少。

三个非裔美籍维修工认为，政府应该把大把的钱花在家庭和教育上，而不是这座桥。她说，坐船去公园和通过建桥来增加税收，它们有什么不同哪，而且，她认为这座桥是为"白人"建造的，她的同事也赞同她的说法。

另一方面，公园的管理人担心迅速提升的交通和停车问题。一位公园的骑警说："那座桥

会给埃利斯岛带去一些破坏的行为，这是非常令人讨厌的，谁为可能受到伤害的人们负责？"同时他也担心轮椅使用者和那恶劣的天气；他感觉从州立公园出发的环线渡轮将不会运营，他更担心的是一旦它是完全免费的，那么所有人可能都要去那里游玩，人流量可想而知。然而在解说中心的一名志愿者认为，那座桥的建造是为泽西城的穷人服务的。他们考虑到需要很大的开支，许多的人没有机会去那座岛游玩。你知道我从来没有看过自由女神像，我的妈妈也从来没有看过。直到我来这工作，我才看到它。带着我的家人一起来这儿游玩，我没有足够的美元。你所谈论的在这座城市的人们处在一个很紧的形势下。

销售商们也给予了对于这座桥积极和消极的评估。一个非裔美籍的 T 恤销售商认为那座桥会威胁到经销商、环线渡轮，所有目前在这经营以维持生计的人们。它不是一个好消息。旅游者乘船看到那座桥上的架空索会感到激动。那座桥会影响到我们的生意。但是它已明确地使那个环线渡轮没有生意。一位非裔美籍的果汁销售商认为它是一个令人振奋的消息。她说："更多的人将有机会去岛上游玩，我能想象到它在夏天看起来是多么的美丽和凉爽……只要你步行通过它，你会做更多的运动。"第三位销售商说："去岛上旅游是一种错误的消费方式，因为对于很多人来说，那将要花费一大笔钱——不过现在他们能步行去那个岛了。那将是一个不错的方式，尽管渡船去岛上是有补贴的。"

被采访的 49 位在自由州立公园消遣的男女，其中大部分人认为建那座桥是不错的提议。坐在小树林里长凳上说西班牙语的三位男士认为那座桥将会提供更容易去岛上的通道，而且给慢跑、自行车、步行爱好者们提供更好的锻炼机会。总之，他们认为，它将提供更多的选择和意想不到的事情去做。另外一位男士也认为那座提议的桥和它的多选择性，只有当它被建造的时候，才会真正让人感到兴奋。我们的下一代和增长的人口也需要不同的旅行方式。一对非裔美籍夫妇更认为埃利斯岛跟华盛顿哥伦比亚特区的遗迹和公共机构是在一个水平线上的。自由进入，面向所有的游客。不得不乘渡轮去岛上是让人心烦的，因为我们知道我们都在意开支。人们会喜欢那样的经历和自由地步行。

然而，一些旅游者却不想有那座桥。一个工作日的早上，一个非裔美籍的男士和他年轻的儿子正在自由路散步，他认为，那座桥将会预示着一个不受欢迎的改变——那就是岛的用途——从一个景点到一个商业性集中地的改变。一个白人则认为那座桥和埃利斯岛的本色很适合。事实上它就只是一座桥。它应该为那些负担不起渡轮花费的人们提供机会。但是那种感觉确实不相同的，它的神秘色彩也因此徒减无增。

所有的钓鱼爱好者都赞同那提议的桥，而且两个爱好者产生了在桥上钓鱼的点子。一个男的说："那座桥是一个自由步行的地方，它一定很美丽。"他说，在周末外出的时候，它将会吸引他和妻子、孩子去游览埃利斯岛。他强调的这座桥的安全感也是他喜欢桥的原因。"你知道，许多人不喜欢乘船，我妻子也是一样，她认为船会下沉，鲨鱼会把她吃掉。这太恐怖了！"然后他提到了电影大白鲨。另一个 26 岁的说西班牙语的渔民也想和他的妻子一起通过桥去探索岛上那些建筑和看美丽的风景。第四个钓鱼爱好者是一个老人，菲律宾裔人，和他的妻子三个孙子在一起。他也认为建那座桥是个好主意，但是，他感觉应该配备保安人员，如果全天开放，那样的话，坏人就有可能进入。

选民组对那座桥的态度太多是不可预知的，值得注意的是一个例外——州立自由公园官员和工人大部分都反对那座桥。在其他的选区，那些积极的娱乐人群，像步行爱好者、骑车爱好者在喜欢那座桥的提议的态度上比那些消极的用户组和组织领导者们明显强硬得多。可能是因为那些消极的用户组的运动、感兴趣的活动（包括去埃利斯岛游玩），比起那些积极地娱乐组相对较少。

数据显示在说西班牙语的选民和其他的被访问者在文化取向方面有明显的区别。说西班牙语的受访者建桥的意见都比较坚定，而且易于接受其他选择方案；他们通常被高架列车和隧道等新奇的事物发展所吸引。虽然说西班牙语的维修人员反对建桥是因为这会增加他们的工作量，但是他们说，他们喜欢隧道等其他选择，因为这将是新奇的、令人兴奋的。然而不说西班牙语的受访者对其他选择更多的是怀疑。所有反对建桥的意见都来自不说西班牙语的参与者，而不说西班牙语的参与者中支持建桥并认为建桥是一种进步的人微乎其微。当然，如果他们支持建桥，更多情况下是因为他们想去埃利斯岛游玩，或者是认同埃利斯岛的国家文化象征。 89

总的来说，反对建桥的理由存在着些许差异。许多持赞成态度的人们则包含个人喜好，例如"我非常喜欢这个提议"、"步行过去一定非常好"、"这将会是免费的"、"我将更喜欢去那里"、"有益于运动"、"更节省时间"和"我可以骑单车过去"。相比之下，排除 8 个维护工作者因为增加的工作量问题所发表的个人意见，持否定态度的人常常是因为国家政策和文化价值问题。

除了自由州立公园的工作者，少数人反对建桥的理由是要保护自由州立公园。我们预期，那些在自由州立公园拥有特殊联系的人们最容易受到建桥影响，因此他们不得不担心建这座桥。例如，我们认为那些有联系的钓鱼爱好者和自由路的步行者可能会关注埃利斯桥。然而被访问的所有的钓鱼爱好者和步行者中只有一位步行者对建这座桥怀有热情。非公园工作人员的否定态度多集中在对于埃利斯岛的影响。然而，被访问的自由州立公园的四位行政人员均对建桥持否定态度，部分是因为担心附带而来的停车需求将会阻碍将来公园中休闲娱乐空间的发展。在娱乐者和工作者中更为关注的影响是在公园建高尔夫球场的计划：许多自愿的参与者对于建高尔夫球场看法是——他们几乎没有一个人喜欢。

价值取向分析

依据人们对几种选择方案思考的几种方式，自由州立公园的工作者和使用者的价值取向与巴特里公园是相似的，但是他们优先考虑的事情完全不同。表 4.4 列出的调查结果是按照价值取向被提出的次数多少的顺序排列的。如同巴特里公园一样，许多参与者不止表达了一个价值取向，因此收集到的回应总数（90）大于参与人数（66）。

两个被自由州立公园的使用者频繁引用的价值取向是"健康和娱乐"（11）和"公园质量"（11）。健康和娱乐包括那些呼吁建设进入埃利斯岛的桥的响应，认为步行或骑车是日常运动或休闲体验的一部分。对于健康和娱乐回应的人们是因为他们真心喜欢建桥这个提议。另一方面，提出对公园质量关心的人们是因为关注桥对于埃利斯岛和自由州立公园的环境产生的潜在影响。几乎所有关注公园质量的人们不喜欢建桥或者是其他的选择方案。 90

"审美的"（8）指的是桥本身的感染力或是干扰，或者是从桥或高架列车上看到的风景，也包括什么景致也看不到的隧道。例如，一个钓鱼爱好者，远望埃利斯岛和存在的桥，如他所说，他感觉在埃利斯岛和中央铁路末端区域的桥会影响从自由步道欣赏海域的景致。一位教师担 91

自由州立公园的价值取向

表 4.4

价值取向	例子	投票数量
健康和娱乐	"我可能每天都会去锻炼" "我喜欢步行，这将非常棒"	11
公园质量	"需要警卫阻止邪恶的人进入"	11
访问	"这会更容易进入…… 步行是不需要花费钱的"	8
审美的	"如果是隧道的话是看不到风景的" "它将会很漂亮"	8
花费	"只要不收通行费" "我想它应该是免费的"	7
经济	"这肯定会使环线渡轮没生意"	7
社会优先权	"如果收取任何费用都是错误的"	7
选择权	"每个人都可以选择" "即使渡船是有补贴的，他们也应该有其他的选择方式"	7
政治的	"现在他们是在欺骗人"	5
安全和舒适	"这将提供更多便利" "我的妻子认为她乘船可能会被淹死"	5
新技术	"你可能不会每天都看到高架列车"	5
教育	"你可以回顾历史"	3
生态	"单轨铁路可能会对环境有最好的影响"	3
个人的	"我到过渡口多次，感觉非常好"	3

心这座桥有可能会成为难看的东西。改善通向埃利斯岛（8）的方式是那些认为一座桥可以为进入公园提供方便的人们所选择的价值方向，然而，在一个案例中，受访者担心这会增加某些破坏。

接下来的四种价值取向——渡轮船票的花费（7）、经济影响问题（7）、社会优先权（7）、增加可选择的进入方式（7）——是人们列出的赞成和反对建桥的因素。大部分支持建这座桥的人都希望它是免费的。提到社会优先权和经济方面的参与者们担心替代方案会带来负面影响，人们偏爱的选择方式是保留渡轮并增加桥、隧道，或者是高架列车。

选择政治价值取向（5）的参与者对建桥持赞成意见，但是怀疑它的实施因政治原因遭到阻碍。提到新技术的参与者喜欢进步，他们喜欢桥，在某些情况下认为隧道或高架列车的选择方案更好。那些对安全和舒适性关注的人们通常认为乘船是一种冒险的行为。那些列出教育（3）一项的人们都支持建桥，列出生态（3）或个人（3）价值取向的人对可选择的进入方案态度存在分歧。

泽西城的社区

地理和社会环境

自由州立公园周围的三个社区被挑选出来作为研究对象：1）保路斯胡克，一个小的中产阶级的褐色砂石建的联排居住区，拥有转角公园；2）凡福斯特，一个集中于凡福斯特公园的富有阶级的联排房屋和高雅的砖砌和褐色砂石建筑的社区，拥有居住广场和一些高档化住宅和多样化的居民；3）拉斐特，一个工业工人和低收入居民混合居住的公寓居住区，木制联排住宅，公共住房工程和新的、受补贴的单元式住房。这些被选出来的居住区是因为他们接近自由州立公园，而且代表了泽西市的社会多样性。

保路斯胡克是历史上著名的，在自由州立公园海湾流域对面的半岛居住区。社区的中心是由三个转角公园接连而形成的，在炎热的夏日午后，人们常坐在有树荫遮蔽的长凳上。公园的使用者是社区中各种各样居民的代表：那些讲波兰语的移民是这个地区的常住居民，还有一些是讲西班牙语的新近移民，剩下一小部分是居住年代比较久的讲英语的欧洲美国人。这个社区的中心是华盛顿街，一个住宅和商业混合的大街，在法律和房地产办公室附近有一家昂贵的意大利餐厅。在保路斯胡克有相当多的教会，包括东正教、罗马天主教、波兰的天主教和琴斯托霍瓦德圣母玛利亚。这些教会提供了许多社区活动和服务，包括老人中心，教区附属学校和夏日的儿童项目。保路斯胡克有一个组织良好的住宅区协会，每月的第一个星期四组织开会，夏季除外。不管怎样，协会的成员都接受了电话采访，采访记录被纳入了居民调查的数据库中。 92

凡福斯特，以其中心的公园名称命名，包括约克（York）、默瑟（Mercer）、蒙哥马利（Montgomery）、蒙茅斯（Monmouth）、瓦里克（Varick）和巴罗（Barrow）街道，大量的建于19世纪中晚期的砖砌和褐色砂石砌建筑联排建筑形成连续的街道线。从泽西大街眺望最大和最杰出的房屋在凡福斯特公园。中产阶级的住宅是早在20世纪70年代中期建设的。居住区的许多房屋也被翻新，建筑细部也得到了修复。在同样的街道，人们偶尔可以听到从双行停车道停放的车辆中飘出的萨尔萨舞曲的音乐，居民会下车和朋友到当地的酒店或坐在联排建筑的凹入处聊天。这样的谈话夹杂着英语和西班牙语。在更远一点的街上，年迈的非洲裔美国人坐在他们的门廊上与回家或是去繁忙的酒店买酒的邻居们交谈。凡福斯特有许多教会，包括各种讲西班牙语的当地福音派教会。

凡福斯特社区的中心是绿草如茵的凡福斯特公园，公园中有维多利亚时代的广场，在公园的四边的街道对面均是宏伟的联排别墅。在公园的中心有一个室外音乐台，夏天的夜晚这里会举行音乐会。在音乐台附近有秋千和游戏建筑，这个区域被长凳环绕，以方便父母在此休息并照看他们的孩子。

拉斐特，位于自由州立公园的西部边缘，是一个混有汽车修理商店，废金属码头和成堆的废旧轮胎和其他工业废品在内的居住区。与居民街坊并排的一部分街坊有小型的制造业车间。拉斐特西邻加菲尔德大街（Garfield Avenue），北至格兰德街（Grand Street），南部一直延伸到卡文波恩特大街（Caven Point Avenue）。其北部和自由州立公园的联系被高速铁路路堤和被抬高的高速公路收费站所阻断。

大部分被采访的社区成员是非洲裔美国人和讲西班牙语的加勒比海美国人，他们住在此地有相当长的一段时间了。根据1990年的人口普查，平均家庭收入是8422美元，远低于1990年整个泽西市的平均家庭收入29054美元。家庭住在砖砌或石砌的联排房屋里，这些房屋多是大的公寓或新的受补贴的单元房。非裔美国男性社区的中心是理发店，男人们常坐在那里聊天或交换一天来发生的新闻。在酒店或珀西菲克大街（Pacific Avenue）的每个公 93

交站也同样为居民提供了聊天的场所，尤其是对女性、年轻男子、母亲和儿童。这个地区的主要学校是 Assumption-All Saints 教区学校（parochial school），校长是修女玫芙麦克德莫特（Maeve McDermott）。据修女玫芙所说，她对这个贫困地区的 750 名儿童负责。在慈善机构中，修道院的修女们在这 80 年来，一直是当地学校运营和儿童夏日工程的支柱。在社区邻近有许多其他教堂，包括不朽的浸信会教堂（Monumental Baptist Church），我们采访了许多教会的会众，非洲卫理公会圣公会教堂（African Methodist Episcopal Church），以及若干小福音教徒和街边的会众。

拉斐特还包括被两条街围绕的由上了年纪的工人阶级白人居住的联排房屋。格鲁威酒吧（Groovy Pub）是社区的活动中心，男人们经常花上一整天的时间待在里面谈话。另外两个吃饭的地方有本地工人常去的珀西菲克酒馆，较小的一家紧挨着天主教堂。这个社区中有一座拉斐特公园，是一个约 25 英亩的令人愉快的绿洲。位于马普勒街（Maple streets）和拉斐特街（Lafayette streets）之间，在不朽的浸信会教堂的对面。这个公园里有一个音乐台、几架秋千和其他娱乐设施，一个淡水喷泉和供社区居民使用的网球场。

选民小组的调查结果

保路斯胡克

在保路斯胡克采访了 7 个人，包括 3 个女人和 4 个男人，年龄范围为 10—65 岁。在这些受访者中，2 个是非洲裔美国人，其中 1 个是说西班牙语的加勒比海的美国人，4 个是欧裔美国人。被采访的居民对于埃利斯岛大桥提议的看法非常复杂，有 3 个人支持，4 个人反对。

有两个参与者喜欢渡船："我更喜欢渡船，如果要散步我可以在任何时候进行。这将会付更多的钱吗？渡船是 6 美元（在 2004 年是 7.50 美元），这钱会用来建桥吗？""我喜欢渡船，因为坐在渡船上看埃利斯岛感觉会更好。"第三个人直言不讳地说她反对建设这座桥。她认为保路斯胡克的人们没有理解一些细节，所以他们可能说"是的，这主意听起来不错"，其实是没有意识到实际问题。另一个参与者担心增加的交通量和停车问题，与之相反的是拉斐特的居民，他们则认为增加的交通和停车场和的使用是一种积极影响。

对于 3 个支持桥的可行性的人，一个人认为这是个好主意是因为"会将本土与埃利斯岛联系起来。"另一个人说："建桥的计划非常好。我很想去埃利斯岛，他们正准备建设埃利斯岛……让所有的人们可以乘环线渡轮去确实是一个很美的路线，但是现在票价也太贵了。"第三名受访者说："我的兄弟（我们同一个外祖母）在 1910 年来到埃利斯岛。你知道那意味着什么，你知道的对吗？那意味着获得许多经验……我们从哪里来，我们是谁，等等。认识到桥的重要性，桥不仅仅是因为岛的位置才需要建设。"

凡福斯特

在凡福斯特咨询的 33 个人中大多数都赞成这座桥。他们对这座可供选择的桥的回应非常积极，他们热心的为各种各样的原因评论，在许多方面类似于保路斯胡克的主题讨论："这将提供一个大众通道，""我想应该有个人们可以直接步行过去的路线，"并且"因为埃利斯岛的历史，使其本身成为参观的重要地方。"凡福斯特的居民同样意识到那将可以骑单车和步行，特别是对于邻近的人们。一位年纪大的居民说："年轻人可以步行过去，但是我就不行了……

渡轮是专门为外地人准备的。桥肯定会对城镇有好处……但是实际上也不会有太大的改变……他们（其他居民）也意识到这只是一个梦想。"另一个人说，"桥给你的感觉就是你可以很容易通过它。"在社区协会会议上咨询的结果是，他们认为桥是一个改进，但是要有一个前提："社区协会的成员们赞成这座桥，但是前提是它必须是免费的。如果收费的话，那么对于众多的居民来说，它仍是不容易利用的。"

这些反对桥的提议的居民往往有很复杂的原因和担心。一个年轻的女子担心"如果有座桥你就不会像现在那样能控制它了。我最近就在那里，那已经相当拥挤了。埃利斯岛也可能被滥用，也许会遭到涂鸦。"一个中年男子也担心："我认为桥会使得埃利斯岛更容易进入，我担心这会为埃利斯岛带来一些破坏。"一个年轻男子说："这是个很有趣的问题。桥可能会给埃利斯岛带来的人流量超过他所能容纳的承载力。渡船对于拥挤状况起到了一个控制作用。"还有位居民认为建桥的钱应该用在"与毒品作斗争和建立地区的社区中心，"另一位也说她认为这纯粹是"浪费钱"。然而，在凡福斯特，尽管有相当多的人支持桥的提议，居民仍担心桥会给埃利斯岛的自然环境带来影响，一些人认为这些钱最好花在其他的社区发展和社会服务项目上。

拉斐特

在拉斐特采访的 73 个人，几乎所有人对建设进入埃利斯岛的大桥持积极的态度，因为这样他们就可以步行去那里，不用因要乘渡轮而付 6 美元了。一位居民说，"我讨厌的那家伙在桥的那一头，所以我不会走过去。之所以支持建桥是因为孩子们可以免费步行过去。"其他的一些意见是："你不付任何钱就可以走过去。""这将帮助穷人们带着他们的小孩过去。""带着三个孩子去那里，船票就太贵了。"其他一些居民认为桥会提高公园的价值："这将会有助于社区，因为由于进入更容易会吸引更多的人过去。""更多的人会来到公园，这将变得非常好。"三位居民强调在桥上还可以看到非常美丽的风景。另一个补充道，桥使得进入埃利斯岛非常方便，这对很多人来说都很好，因为埃利斯岛是"一个重要的地方，你可以在那看到许多事情使你想起过去的事情。"

少数居民反对建步行桥，他们大多喜欢渡船："在船上我更有安全感。和孩子们一起待在船上最好了，他们会和你待在一起而不会失去控制地乱跑。""我有可能会想念乘渡船。"一位居民担心："这座桥过于长了。"看起来这些居民认为，如果建这座桥，渡轮就可能会消失；与此同时巴特里公园和自由州立公园的使用者认为一座桥并不会影响成功的渡轮。有 7 位居民对桥或其他方式没有看法，他们不是认为对此一无所知就是认为他们的意见无关紧要。我们试图说服他们并说明他们的意见很重要，但是并不是每个人都能被说服。

总的来说居民们希望建设这座桥以使他们可以去埃利斯岛。大多数人因为需要较高的费用或家庭成员过多而从未去过埃利斯岛。他们非常乐意一家人（或是一群朋友）一起去感知和欣赏那里的风景。作为慈善机构的一员，玫芙·麦克德莫特说，她负责 750 名学生。如果能够进入埃利斯岛，达到了教育的目的，他们很乐意。除非桥是免费的，不然，这对于居民进入埃利斯岛不会有任何帮助。居民没有关注到在他们的社区可能会增加的交通量。事实上，许多人认为增加的交通量是一件好事情，会带更多的人来到他们的社区。自由州立公园使拉斐特的居民引以为豪，多年来，在社区中的人们看到公园的发展是一件最好的事情。很明显，从人们对公园的谈论中可以看出公园在他们日常生活中的重要性，并且很希望将他们的教育和娱乐领地能够包括进埃利斯岛。因为现在，埃利斯岛是一个昂贵的旅游景点，仅仅是学校组织的一个旅游体验。乘渡轮被看做是一次旅游经历，而不是为居民服务的。对于一个中产阶级家庭来说，到岛上旅游的多是外地游客。但是对于大多数拉斐特居民，居住地点到自由州立公园只有10分钟的距离，但是却无法到埃利斯岛。

价值取向分析

社区的价值取向体现在不同的在健康和娱乐上的优先权（拉斐特对比凡福斯特和保路斯胡克），生态问题（凡福斯特对比拉斐特和保路斯胡克），以及经济关注和社区质量问题（拉斐特对比凡福斯特和保路斯胡克），在表4.5中均有列出。事实上，拉斐特的居民对于进入，健康和娱乐，经济和社区质量的关注多于另外两个社区。拉斐特是最接近自由州立公园也是拥有最多位于贫困线以下家庭的社区。因此，他们讨论的关于公园的提议反映了他们对娱乐空间、社区设施的提高和对本地就业的热切关注。有趣的是，花费和公园质量是三个社区都关注的问题。当三个社区关注花费、公园质量等的价值观浮现出来的时候，相比巴特里公园和自由州立公园的使用者关注的是经济与健康和娱乐。

社区价值取向

表4.5

价值取向	拉斐特	凡福斯特	保路斯胡克	共计
花费	17	15	3	35
公园质量	8	9	3	20
进入	9	3	1	13
健康和娱乐	8	0	1	9
教育	3	4	1	8
社区质量	5	2	0	7
审美的	4	1	1	6
经济	6	0	0	6
选择权	2	3	0	5
生态	0	4	0	4
政治	3	0	0	3
安全和舒适	2	1	0	3
社会优先权	0	2	0	2
个人的	0	1	0	1
新技术	0	0	0	0

总结

以下的总结来自三个研究地区的比较分析：巴特里公园、自由州立公园和自由州立公园周围的社区。我们最重要的观察报告反映在调查结果中，也就是说，我们所采访的人，无论文化和教育背景怎样，都对我们所提的问题有极大的兴趣，对问题的理解和影响都很深刻并显得很有经验。因此，假设公众不能对进入方案的选择进行评估或者对埃利斯岛的提议无法关心，并且自由州立公园没有建成。这些环境评估和规划进程的建议可以通过快速人种志研究方法（REAP）对本地人口的研究来加强。

表 4.6 列出的是公园和社区的价值观的比较。从这些比较中可以清晰发现每个地区对于优先权和关注点些微差别。巴特里公园的工作者和使用者完全没有关注渡船和桥的花费问题，但是却关注那些选择方案可能会对经济带来的影响。另一方面，自由州立公园的工作者和使用者关注的是那些选择方案会对公园质量和健康和娱乐方面产生不利影响。拉斐特、凡福斯特和保路斯胡克的居民们大多关注的是渡船或是其他选择方案的花费问题。话费、进入、公园质量和经济是被所有成员频繁提到的问题。表 4.6 是对各种人群进行的有价值理解，在研究中也可以作为对参与者关注点的判定。

价值取向：公园与社区的比较　　　　　　　　　　　　　　　　　表 4.6

价值取向	巴特里公园	自由州立公园	周围的社区	共计
花费	0	7	35	42
进入	13	8	20	41
公园质量	6	11	20	37
经济	23	7	6	36
健康和娱乐	9	11	9	29
选择权	9	7	5	21
审美的	6	8	6	20
社会优先权	10	7	2	19
政治	8	5	3	16
教育	4	3	8	15
个人的	8	3	1	12
安全和舒适	4	5	3	12
新技术	5	5	0	10
生态的	2	3	4	9
无影响	9	0	0	9
社区质量	0	0	7	7

这座桥是优先选择方案，因为它安全，成本低，进入简单轻松，时间和空间的选择、健康和娱乐均有利。由于对安全和花费的关心，几乎没有人认为隧道是一个好主意。一小部分的参与者认为高架桥也许会更有趣更令人激动，然而他们也补充说造价太昂贵并且容易出故障。经济团体的参与者因为一些费用问题、可能造成的拥挤和政府干预问题不赞成渡口补贴这个提议。

参与者中的一大部分，特别是那些来自低收入地区或是关心低收入家庭需求的人们，关注花费问题，包括高价格的船票和所提议的桥可能要收取的费用。

选民组对于选择方案的不同态度是无法预知的。相反的，移民的态度与土生土长的本地人有很大的不同，在公园中工作和娱乐的人们之间的态度也不同。本地的居民和工作者比较关心的是提议方案的负面影响。当地的参与者怀疑决定建设这座桥的政治决策程序和反映出来的社会优先权。工作者们则担心会因此而失去他们的工作或盈利，或是担心桥给公园质量带来负面影响。

人们感知到建设一座桥，或高架列车，或者隧道对埃利斯岛的体验都会有相似的潜在影响，但是他们解释说这种影响有很大的不同。例如，所有的小组都认为桥将会增加到访埃利斯岛的人的数量，但是那些反对建桥的人是因为看到拥挤会对埃利斯岛产生负面影响，然而那些同意建桥的人看到的则是可以因此而了解更多历史的积极影响。

同样的看法也发生在自由州立公园。大多数参与者都认为桥或是其他选择方案会增加交通量和公园中和周围社区的人流量。有些参与者，例如在保路斯胡克，认为这种改变的影响是负面的，而有些人，特别是拉斐特居住区人们和老人，喜欢这种改变。增加的交通量对有些人意味着不变，但对另外一些人意味着潜在的经济增长。

居民把埃利斯岛看做有娱乐性同时也有历史性质的地方。一旦增加了一座桥，它将被视作一个步行的好去处，不仅拥有优美的风景，也可以学到更多历史。他们认为到埃利斯岛的渡船首先是为游客和初次访问者提供的，然而桥却是为不常去埃利斯岛的当地人设立的。如果建一座桥，那么本地居民去埃利斯岛的次数就会频繁。教师、父母和邻居将会非常乐意去了解有关埃利斯岛的国家或地区的历史。

本研究的重要性不能被低估。让贫穷的人有能力进入埃利斯岛可以改变他们对权利和责任的认知。解决进入的方法就是不需要建一座昂贵的桥。如果问题是这些居民要能够整个家庭或成群去游览，而船票又太贵，那么对居民进行周末渡船补贴则提供了一个解决方法，尽管这种方式是受到高度争议的。进一步说，有座桥可以在娱乐这一项上满足其他许多方面的需求。了解文化价值可以开辟许多途径和发现解决当地问题的一些方法，可以解决即使是对公园规划者和管理者都非常棘手的问题。

第五章　雅各布·里斯公园
——历史景观的利用之争

引言

　　如果威廉·H·怀特关于社会活力问题的主要焦点在城市中的小型公园和广场上，那么本书将通过考察大型开放空间扩大被讨论的空间范围，包括城市海滨。城市海滨对于社会活力的重要性被传统城市空间掩盖了，如广场、绿地（如组团绿地）和社区花园。私人和商业项目也对城市海滨有影响。新的商业环境——特别是大型购物中心——把人们从海滨和其他传统休闲度假地区吸引过来。这些吸引人的、有空调设施的地方提高了娱乐消费，但是因为有监视和禁止，明显限制了人们的自我表现和遭遇的多样性。

　　相反的，城市公共海滨是更善于交际的和不同文化背景的人群相遇的地方，他们可以在这里参与丰富多样的活动。在联邦公园，政府在管理和改造公园的时候，根据法律必须考虑公众和艺术团体的生存。海滨公园在一系列城市社区的文化活动中扮演着重要的角色，他们同时支持社会的可持续性并加快了民主进程。至今，城市海滨的生态学意义很少被提及。当学术著作中讨论到海滨，往往关注其自然生态、旅游、房地产价值及其开发。很少涉及海滨作为社会场所和城市景观一部分的功能。

　　在本章以及下面几章中，我们考察了两个公共海滨公园。继怀特的理论之后，我们试图揭示一个场所比另一个场所更加可行的社会空间的原因。尽管在雅各布·里斯公园中的社会活动在 20 世纪 90 年代迅速减少，但是公园管理者想要更少。这一章考察了并揭示了在转变期公园管理者如何应对设施利用不足的问题——特别是游客的娱乐需求和依法进行历史保护之间的冲突。

102

　　雅各布·里斯公园是一个有木板步道、广场、食品商铺和悠久的历史的海岸。它位于皇后区的罗克韦半岛，邻近布鲁克林。里斯公园一开始是作为一个市政公园，以杰出的社会改革者雅各布·里斯命名，里斯因为在纽约下东区贫民窟拍摄记录移民儿童的生活而出名。他主张建立公园并为城市低收入人群提供娱乐设施，他影响了哥伦布公园的建造，这个公园是纽约第一个进步时代的广场，位于曼哈顿南部臭名昭著的马尔伯里·本德（Mulberry Bend）贫民窟的拆迁地。因此，雅各布·里斯因这个位于长岛海岸的公园而闻名，并通过运动和娱乐设施补充了海洋游泳的不足。

1974年国家公园管理局从纽约城市公园管理部门（New York City Parks）和康乐部（Recreation Department）手中接管了雅各布·里斯公园，并与国家休闲区合并。当公园管理局对里斯公园做了一些改造后出现了一个问题——缺乏充足的资金来逆转公园长期衰败的设施。据比利·G·加勒特（Billy G. Garrett）讲（2004，私人访谈），当雅各布·里斯公园转让给联邦政府时，公园的状况相当糟糕。公园管理局已经花费了大概1500—1700万美元用来稳定和复原主要的设施，估计还要1000—1200万美元才能完成工作。他说缺乏持续的资金，归因于建设资金主要来源于一系列代理需求，所以问题不在于国会是否资助这项工作，而在于资金是否充足以进行雅各布·里斯公园工程。另一方面，我们把这种缺乏资金归因于在海滨问题上国会中政党投票不足。

今天大多数雅各布·里斯公园的使用者是近期的移民，他们未必说英语，可能不是这个国家的公民，也不一定会争取基础设施和服务。具有讽刺意味的是，这些公园使用者的文化背景给公园管理者提出了一个挑战：他们通过密集地使用公园土地，无意识地破坏了自然资源，威胁到了历史景观的完整性，增加了在有限的预算下恢复公园的难度。这种情况引起了一个问题，公园管理者应该如何平衡游客的需求和历史保护之间的竞争。

在2000年夏天，公共空间研究组要在里斯公园为国家公园管理局进行一次快速人种志研究，作为研究公园衰落原因工作的一部分。公园管理局承担了一些设施和土地的改造工作，以及研究公园衰落中的变化。公园管理者想更了解新移民的使用，以及如何满足他们的社会、娱乐和文化需求。

当我们第一次参观公园时，我们对公园环境的恶化感到惊讶。雅各布·里斯公园的许多建筑被认为是装饰艺术的优秀案例，是两次战争之间的公共娱乐建筑，被列到了历史古迹的国家名录上。因此对建筑和土地的改造和转变要遵照历史保护实践的严格要求。我（Dana Taplin）想国家公园管理局在维护公园的问题上是否过度承担了历史保护的责任。最初到这里参观的时候，我们对公园管理人员就现有资料进行采访。在一个6月的早上，苏珊·舍尔德（Suzanne Scheld）、拉里莎·霍尼（Larissa Honey）和我来到纽约国家休闲区总部（位于弗洛伊德·贝内特机场，一个单调的前军事建筑内），去采访副主管比利·加勒特。谈话初期我问加勒特先生他是否认为国家公园管理局已承担假借国家名录之名转移稀缺资金，以保持其设施处于良好的工作状态。我问："这是公园管理局想要的吗？冲击地标这些事是来自公园管理局内部吗，或者你觉得这是某种困境，必须采取应急措施？"

一位有历史保护工作经验的建筑师在公园工作，听到这句话加勒特最初的反应是咯咯笑了起来。他说："不，我不是说我陷入了困境，我也没有那样描述。"停顿一下之后他开始为里斯公园在国家名录上的事辩解，他强调文件材料和专业的评估在创造地标方面的重要性：

> 我非常认真地对待我们的自然资源基础和人文资源基础。我感兴趣的是确保当
> 某人对我说"这是一种文化资源或自然资源的意义"的时候，他们已经得到可以支

持这一说法的数据依据，他们已经对这个过程进行了评估。我们刚才谈到的作为文化资源的资产（特别是里斯公园），现在在我看来完全没有问题，所有的程序已经完成了，作为一个管理者我们能继续工作并作决定将这些价值集合起来。

足够公平了——但是注重历史的原则约束了管理的灵活性，不便于调整新的用途和文化价值，维护这些历史遗迹是很昂贵的，但这注重历史的原则在区域竞争、公共关系、品牌方面也有积极意义。至少在里斯公园，这种建筑和土地的历史原则和公园服务于大众的任务息息相关。在国家休闲区的其他地方，公园管理局煞费苦心地去发现用途并维持对废弃的军事设施的资助，以及其他相关的"文化资源"只要是关于国家娱乐场所的想法。

国家休闲区是一个早期城市公共空间的集合，比如雅各布·里斯公园，其他的海滩和湿地，一个重要的生态保护区，几个剩余的大型军事设施。为废弃的军事设施寻找新用途一直是一个挑战。在国家休闲区和全国的其他地方，这些设施已经从国防部门转移到内政部门，由国家公园管理局管理。废弃的军事设施一旦被指定为公园用地，它便可以恢复使用并改造再利用，这就是对建筑主要特色的保护。然而，再利用的方式通常是保护，保护这些设施作为一种文化资源，来补充公园管理局的自然资源，这些方式同样包括游客中心、解说项目和其他形式的执行管理。

即使在历史古迹国家名录的清单上，公园管理局仍然很难为在国家休闲区收集的大量"文化资源"找到合适的用途和充足的维护资金。弗洛伊德·贝内特机场就是一个很好的例子：这里是早期的城市机场与著名的飞行员阿梅莉亚·埃尔哈特（Amelia Earhart）有关，偏离航道（"Wrong Way" Corrigan）和其他人后来在第二次世界大战期间就职于海军空中电台。当然

图 5.1　雅各布·里斯公园的海水浴场更衣室，步道和海滩

有很好的理由来指定这个地方作为历史性的地标，但与此同时，在布鲁克林一个偏远的地方参观古老的机场，不是大多数人想要在纽约做的事。公园管理局如何找到资金把这个旧航站楼转变为一个迷人的游客中心？飞机库能够用来干什么？飞机跑道应该怎么用？公园管理局在1974年国家休闲区建立的时候就已经找到这些问题的答案。比如，据比利·加勒特讲（2004，私人谈话），他们包括有关场地及其和解说项目等内容。他们还发现场地的使用和举办的活动是符合这个场地的历史意义的，这是公园的使命和基础，它们与自然资源相关，游客可以参与一系列活动，包括园艺、遥控飞机模型、骑自行车、观鸟、露营等。与此同时，我们发现有些飞机库已经被纽约警察局的直升机使用了多年，除了这一用途，你会认为这应该是一个公园。[1]

在里斯公园，人行步道、海水浴场更衣室、其他沿着步道的建筑、停车场和景观绿地构成了雅各布·里斯公园历史地区（实质上是整个公园）。比利·加勒特告诉我们"这里可能有一些非历史性物质的入侵，可以这么说，那些不会被认为是历史地区的一部分"——比如广场，自"重要性时代"（period of significance）（20世纪30年代）起开始增加，但它们还是少量的。公园在"重要性时代"所做的努力，使管理在适应不断变化的需求时缺乏灵活性。虽然非历史性的广场能重建或消灭，但历史性的72英亩的停车场必须保留，即使在最热的夏天停车场有一半以上是空置的。2000年公园管理局花费了1500万美元重建了海水浴场更衣室的一部分，以达到保护的标准，但长期的发展规划和缺乏资金的问题不允许建室内淋浴间和更衣室。

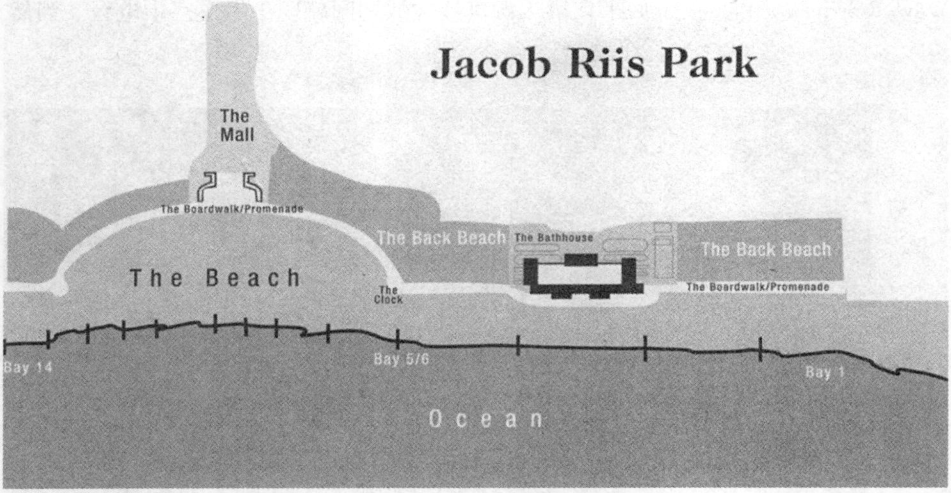

地图5.1 雅克布·里斯公园

野餐活动（人们和文化团体都会参与这个活动）是雅各布·里斯公园发生激烈冲突的重点，是同类公园使用和基于历史性保护的管理政策之间的矛盾导致的冲突。这一章着重研究快速人种志研究方法如何帮助理解新移民对公园的使用，以便于公园能够开始寻找方法来适应他们的野餐活动需求，同时保护历史景观并为长期海滩使用者提供必要的服务。

方法论

研究的范围需要我们提供一个文化团体使用公园的概况，包括分析他们关注和认同的文化，分析自然资源的利用对他们的文化意义。这些信息可以帮助管理人员评估方案及提出要求，也能评估公园改造计划对当地使用者的影响。

快速人种志研究方法

一些快速人种志研究方法用于不同阶段的研究过程。个人访谈是在西班牙、俄罗斯或英国完成的，调查结果取决于受访者的偏好。受访者将得到一张公园的地图，地图上有某个特殊的地点，以引发对雅各布·里斯公园的讨论，我们的目标是使受访社区成员都参与到公园的设计过程中。

我们集合了 131 个访谈资料，把六个地点均分。这些地点包括 1 号海湾，5—6 号海湾，14 号湾，以及三个指定的野餐区："购物中心"、"时钟"、"森林公园"，每个地点以最近的地标命名。选择这些地点来代表不同公园使用群体的文化、种族和活动。每个地点都在周末和工作日从早上 8：00 到下午 8：00 进行抽样用于行为映射研究。

我们收集了来自公园工作人员和志愿者的专家访谈，作为有特殊技能的人来评论当前公园的问题。这些访谈在这工程的第一周就完成了，以帮助确认公园的关注点和问题区域。一些专家访谈是跟调查同步进行的。

表 5.1 展示了这种方法的使用，每个项目花费了多少时间，这种信息是怎么产生的，以及可以学到什么。

雅克布·里斯公园：方法、数据、期限、过程、启示　　　　　　表 5.1

方法	数据	期限	过程	启示
行为映射	地点的时间 / 空间地图，现场记录	5 天	描述现场的日常活动	区分现场的文化活动
抽样调查	抄录访谈记录和顾问的场所地图，现场记录	3 天	以社区成员的观点描述该场所	社区中心对该场所理解，当地的意义，识别宗教地区
个人访谈	问卷，现场记录	20 天	描述文化团体的回应	社区对公园的回应和兴趣
专家访谈	深入访谈记录	5 天	描述当地机构和社区领导的回应	社区领导对公园规划过程的兴趣

历史和社会环境

有一个想法是在罗克韦滩创建一个非营利性的公共海滩，这个想法是在海滨度假村发展期之后产生的，1880 年穿越牙买加湾到罗克韦滩的铁路开通，海滨度假村便开始发展起来。1898 年由于市政合并，罗克韦成为纽约的一部分。1994 年这个城市开始为公共海滩寻求土地，现在地块的大部分是 1912 年买的。地块按使用功能被分割，在一次世界大战期间作为海军飞机场。里斯公园最大的建筑物是海水浴场更衣室，始建于 1932 年，当时正是海军经罗克韦撤退到弗洛伊呗内特机场不久之后。虽然它缺乏琼斯海滩那样的泳池，但里斯海水浴场更衣室还是被其他公园模仿。新公园也有手球和网球场、运动场和景观用地（Wrenn 1975；Lane, Frenchman, and Associates 1992）。

这些都是早期的历史，今天的雅各布·里斯公园是罗伯特·摩西职业生涯的杰作，摩西是伟大的城市规划师，他改变了纽约 20 世纪中期的面貌。1933 年起他成为公园的理事，带着最初的兴趣，他在里斯公园的办公室内规划重建公园，规划完成于 1936 年，并改变了这个地方。像许多摩西的项目一样，重建规划与主要道路工程相连——在这种情况下，由新海洋公园大桥连接公园和布鲁克林的弗拉特布什大道（Flatbush Avenue）以及另一个摩西的项目，贝尔特公园路（Belt Parkway）。乘坐汽车来的游客在穿过新桥之后，可以把车停在新的大型停车场。实际上，整个规划都是对汽车运动的致敬：快速、顺利的通过架在罗克韦湾上的新桥，沿着海滩环路飞速行驶，六车道的公园道路把车辆带到停车场入口，入口本身与弧形道路形成一定角度。

摩西改造废弃的建筑并建了一个新的椭圆形木板步道。废弃的建筑物将使步行街一端在视觉上与帝国大厦对齐，这将在不久的将来实现。景观设计与步行系统完全被修改了。里斯公园规划中最独特的元素是日本黑松，它是摩西的本人偏爱的树种。摩西轻视了对建成四年的海水浴场更衣室的设计，移除了一些摩尔人的建筑装饰，提高了塔楼增加了戏剧性的效果。有一个海边凉亭对他来说距离水面太远了，因而被拆除并替换为流线型的、现代外观的、新的建筑，建在海滩边上。摩西通过把建筑漆成白色形成了混合风格，他把里斯公园所有的建筑构筑物都漆成白色以形成统一的审美效果。

109   在纽约城市公园管理部门和康乐部的监督下，里斯公园兴盛起来，吸引了来自布鲁克林、皇后区和曼哈顿的游客。威廉·科恩布卢姆是一个同国家公园管理局研究团队一起工作的社会学家，他在 1975 年记录了海滩和木板步道上的文化生活。科恩布卢姆和他的同事们描述了一个充满活力的木板步道，不同文化背景的社区成员在步道上散步，相互交往，并享受城市海滨的氛围和日常生活。他记录了这些海滩是如何被不同社会群体划分并创建独具特色的码头，包括 1 号湾是同性恋海滩，非洲裔美国人聚集在 5 号和 6 号湾享受聚会和音乐，还有当地意大利裔美国人占领了瑞奇湾（Bay Ridge）到 14 号湾。科恩布卢姆和他的同事们讨论过这个复杂的社会环境是如何为不同社会团体提供独立的"领地"，同时考虑到社会的融合，各种团体在海滩边的木板步道上看女孩、跳舞、赌博和打牌。甚至在今天人们谈到木板步道的活力时，都惊叹于它是如何结合海湾的社会结构来降低团体斗争和社会冲突，并鼓励为纽约人来度假创造友好的居住气氛。今天 1 号湾仍然作为同性恋海滩，但 5 号和 6 号湾的构成反映了布鲁克林和皇后区在 25 年中的人口变化，这种变化源于新移民数量的增加，这些新移民从全世界各地移居到那里。这种变化打乱了科恩布卢姆报告中提到的"黑色"地区的一些方面。另一方面，这些新移民正快速适应雅各布·里斯公园，象征性地"标记"它，并使它成为自己的。

雅各布·里斯公园一直由纽约城市公园管理部门和康乐部管理，直到 1974 年它成为国家休闲区。虽然国家休闲区作为城市自然和休闲资源已经取得一些成就，但雅各布·里斯公园在国家休闲区系统里仍然经营得不好。雅各布·里斯公园在交接时就是严重恶化的状况。这个公园美丽的海水浴场更衣室在 1978 年就已经不使用了，很多原有的建筑和食品店都关闭了。国家公园管理局已经修复了木板步道的部分栏杆，但是其他地方的栏杆都严重损坏。那些步道的木板已经在多年前被移除，只剩下粗糙的水泥"步道"供行走。[2]

大多数位于"后滩"的体育设施，比如球场和板手球场，已经恶化到不能使用的程度，并且在我们调研的那年，其中一个儿童游乐场被报道为"纽约最糟糕的游乐场"。今天有历史意义的海水浴场更衣室已经再次被修复，并计划修复购物中心和摩西设计的其他元素。然而我们的研究结果显示，恢复景观可能不能适应现代人们的使用需求，他们中的一些人被科恩布卢姆和其他人描述为刚到纽约的人。我们描述的公园研究区域和我们的调查结果涉及每个区域使用者的价值和行为。当我们和不同地区的人交谈时，就发现冲突变得很明显，比如是否需要更多的更衣室或更换设施，更多的烧烤架和野餐桌，或更清洁更面向家庭的环境。 110

我们采访了在两种不同环境中的使用者：科恩布卢姆研究的海湾、海滩和码头以及拥有野餐区和运动场的"后滩"区。我们主要关注三个湾的海滩——1 号湾，5—6 号湾和 14 号湾——用于研究自 1975 年以来发生的变化。我们在后滩区对新拉美裔使用者喜爱的野餐和游戏区域进行取样，包括森林公园、购物中心和时钟区（参见图 5.1）

环境和探索：海湾、海滩和码头

雅各布·里斯公园海滩通常都很广阔，因为沙丘被移动了，时间是在该地区作为公共海滩历史中的某一刻——可能在 1935—1937 年摩西改造公园期间。海滩的最窄处是 4 号湾，在海水浴场更衣室对面，即便是最窄的地方也不算太窄。

里斯公园的码头被海滩分离，由一面钢筋混凝土墙构成，墙体大部分是被埋在沙子里的，接着是双排木桩向水中延伸大概 40 英尺超越低潮线。在码头，巨大的岩石被堆放在混凝土墙和木桩交界处。里斯公园码头不是吸引人们散步或坐下休息的地方，当游泳者太靠近码头的时候，护卫队就会指引他们远离码头。在木桩位于水面以下的码头会有标志，以警告人们远离"水下物体"。

里斯公园的沙滩像其他在长岛的沿岸沙滩一样好。它看起来比东边的海滩颜色更深——也许是某种沙子在海滩重新铺沙的时候被混合了。在许多地方，沙子和很短的芦苇秆还有许多贝壳碎片混合了。这个海滩作为一个城市海滩看起来很干净。使用重型机械设备进行日常清理会使沙滩表面很平，还会留下又长又直的凹槽轨迹。

1 号湾 111

垃圾的收集是沿着海滩的背面进行的，而这个海湾相对孤立的位置当然不会阻止人们来到 1 号湾。在阳光明媚的周末，这个海湾将被成百上千人填满。即使周末是阴天，也会有超过 200 人拥进 1 号湾，虽然 3 号和 4 号湾就在附近，但却位于中心，很少有人去。这些人群是相当不同的，他们的构成会随着一周里的每天和天气而变化。在晴朗的周末海滩上会更多的女性和更多的男性女性团体。许多人都带着他们的遮阳伞来，而且大多数聚集在两个或更多团体里，主要是更多团体，这往往是由性别划分的。这些团体都有充足的供给，他们有冷却机、椅子，有些还有收音机和音响，然而音乐不像5—6号湾这么大声。在晴朗的日子，会有几个女性赤裸，但是我们没有看到海滩上充斥着裸体，因为里斯公园不是裸体海滩。[3] 在阴冷的周末很少会有女性到海滩，在有雨的周末只有男性会出现在海滩上。

总的来说，这个海滩是成年人的区域。我们只能偶尔在沙滩区域看到孩子和少年，但一些大一点的孩子有时会在水中玩。大部分人都在日光浴、社交和吃东西。在这个海滩上，许多人彼此认识，来自不同团体的人们在这里相互交往，并互相认识。海湾是有种族区分的，尽管黑人和说西班牙语的人有优势，但海湾也吸引了大部分在20、30和40岁年龄段的成年人以及少数老年人和少年。

对18岁的男性和女性的采访反映了男性游客的数量之多。他们大多数都是在20多岁到40岁之间，创造了一个由年轻人主导并有一些孩子的空间，他们认同自己作为黑人、白人或者说西班牙语的人的身份。四分之三的受访者出生在美国，都受到了良好的教育。

1号湾的大多数游客都说这个地区对于他们有很重要的意义，它是一个自由的、可以释放的空间。一些人说这个海滩很重要，因为它是少数几个有同性恋区的地方之一，他们在那里感觉很舒服，而且可以安全地表现他们自己。许多人也把这个海滩和一些美好时光联系在一起，那些和家人朋友在一起的时光。还有一些人说他们在这里度过的几年中遇到了很多好朋友，他们中的许多人现在已经成家了。这个海滩也是一个可以逃离城市和享受休闲时光的地方，从某种意义上说是，"你的生活更广阔、更美好"。然而，这还有一种感觉，这个海滩已经被公园管理者抛弃或忽视，如缺乏救生员，海水浴场更衣室、商铺，并且海滩上有很多垃圾和碎片。

这个海湾有一种地域感和场所依赖感。"这是同性恋海滩——我们的海滩"是一遍又一遍的感情的表达。有人说他们喜欢这个海湾，如果它被关闭，他们会很伤心。这种地域感也表现在外人进入海湾的时候。偶然有一个外人进来，神色奇怪或者引起一些问题，经常来这里的人会认为是他们该管的事，他们会关注这个游客并和他谈话以确保不会发生冲突。从这一点来看，地域感是不排外的。

5—6号湾

在5—6号湾，人们单独或成群地坐着，和其他团体保持一定的间隔。海滩上最受欢迎的用来坐下休息和进行日光浴的部分是高潮线以上20—30英尺。最近的地方是平行于水面，因为大多数游客想亲近水，或者因为人们往往使自己面对着水，而不是面对海滩。因此在人多的时候，游客会选择坐在距前后人比距旁边人更远的地方。它就像沿海陆地的特性，整体往往是窄和深的。

许多人都带有折叠椅以及装有食物和水的冰箱。一些人直接坐在毯子或毛巾上，或躺下进行日光浴。许多团体带来遮阳伞，少数人带了更实用的东西，比如帐篷。

5—6号湾很悠闲安静，音响不是很多。人群混合了白人、黑人、说西班牙语的人；家庭、年轻的单身、老年人。

图 5.2　雅各布·里斯公园的野餐者

图 5.3　雅各布·里斯公园的时钟

第五章　雅各布·里斯公园——历史景观的利用之争　　81

5—6 湾的木板步道上有两套户外淋浴设施、时钟、食品商铺和在海水浴场更衣室西边的休息室。它可以通往运动场、球场、固定烧烤区，公交车站和停车场。木板步道在临近海的地方有无靠背的长凳，在土地保护区有常规的带靠背的公园长椅。科恩布卢姆 1975 年的报告中描述了里斯公园的木板步道，称它是很吸引人的，有点像著名的洛杉矶威尼斯海滩（Venice Beach）。现在它更安静。人们仍然沿着木板步道漫步或坐着休息，还有在海滩上结伴闲逛的。
114 步道表面实际上是混凝土的，木板已经在 30 年前或者更早的时候被移走了。这导致的一个结果是步道成为各种汽车的一个受欢迎的捷径。行人常常会感到不安，因为超大声的汽车在他们身后咆哮，有时候甚至是一连串这样的汽车。混凝土表面比木板步道更适合骑自行车，大量的骑自行车的人来来往往，包括配备自行车的公园警察。

我们收集了 23 个采访记录，按照男性和女性相等的比率。游客主要是布鲁克林居民，高中毕业而不是大学毕业，中产工人阶级，专业人员和半专业人员，公务员和从事联合贸易职业的人员。

5—6 号湾由雅各布·里斯公园最受欢迎的海滩组成。这里有许多常客，部分原因是时钟作为一个重要的导向性地标把人们吸引过来。许多人说他们在这里会见朋友，他们的朋友会知道这里并找到他们。从历史上来看，5—6 号湾可看做是非洲裔美国人的。现在这种情况少多了，但仍然有很多非洲裔美国人和加勒比裔人。有一个美国传统家庭和个人的团体，他们坚持对 5 号湾所有权的态度。这些人已经来这里很多年了。一位女士说，"我们和 5 号湾有很大的联系。黑人在 20 世纪 30 年代就开始来 5 号湾了。我的祖母来这儿，我的女儿也来。我们对这个地方很了解，它是我们的。"这个团体的一个成员说在任何一个周日他们的人数都是大约 150 人。一些长期支持，最忠诚的成员拥有一些非正式名称，如"海滩之王"。我们采访了"海滩王子"，之后，另一个男人自称是"海滩少校"。这个少校是 20 世纪 40 年代来到这里的，他现在在和他的家人旅行，从他们位于马里兰州华盛顿郊区的家乡。这个非正式俱乐部的许多成员都是流浪者所熟知的：他们像老朋友一样相互问候，在海滩上或沿步道聊天。与我们交谈的这些成员不满意公园的恶化和呈现出的衰败。有些人清晰地记得狄托庞特（Tito Puente）来演出的情形。其中一个人还记得整理演出设备的事，一个在加勒比出生的妇女认为这里的现场音乐演出很棒——只要它没有吸引那些不良人群。这个俱乐部的一些成员会见了公园管理人员，表达了他们的观点。其中一人会见了副主管加勒特，他说"我们回过头来想想，没有一件设施被维护或更新，篮球场上没有篮筐，场地里长满了草。公共浴室关闭了。我在两年内没有看到任何改善。改造资金被挪用了，它们用到哪儿了？"桑迪胡克（新泽西
115 州）是国家休闲区的一部分，他认为"那里有七个美丽的海滩，一切都是新的"；另一个成员指出那是一个富裕的社区。这些人把优先等级搞错了，他们认为公园应该更新现存的废弃设施，比如在增加游泳池之前改善海水浴场更衣室。

好的评论是，一些到 5—6 号湾的游客对后滩区域实用性的评价——雅各布·里斯是一个拥有公园的海滩。这意味着有足够的空间来进行舒服的野餐，也有儿童游乐场。特别是非洲裔美国人喜欢里斯公园的球场，尽管他们认为这些设施条件很差。还有一些人认为步道表面应该更平滑并保持干净。

这里的人们最常说他们来雅各布·里斯公园是因为它的便利性——这里离他们在布鲁克

林和皇后区的家不远——并且停车场收费合理也很充足。游客喜欢这里安静的氛围；人们相处的很好；他们不会打架。一个常客说，"这里的人都很友善。"她也觉得这里很安全，部分原因是救生员的警觉和技巧，而她并不是唯一一个感谢救生员的人。

14 号湾

在 14 号湾的木板步道上没有任何设施，它对于散步活动和官方监视来说是一个尽端死角。因此，它是醉酒青年的据点，他们会在这里待上数小时。在任何周日，这里都会有成群的人，或成双成对，或三五成群，他们大多数是男性。其中一些是很多年的常客。

我们在 14 号湾收集了 20 个采访记录，男性和女性各占一半，其中来自布鲁克林的白人占大多数。14 号湾的受访者中占主导地位的是高中毕业而不是大学毕业，是专业人员和半专业人员，工人和从事联合贸易职业的人员。14 号湾的常客比例比 5—6 号和 1 号湾更高，那些常客一周来数次，他们的主要活动是游泳和日光浴。

14 号湾的游客和 5—6 号湾的人一样，最常说的是他们来这里是因为里斯公园相对于罗克韦滩来说更便利，在布鲁克林附近。然而，对一些人来说 14 号湾的魅力不仅仅是便利。很多游客都对这个海湾有强烈的归属感，从它 70 年代作为青年聚集地的全盛期延续了下来。一个 40 多岁从瑞奇湾（Bay Ridge）退休的警察来到这里，说他仍然认识这里的人，"就像那些站在混凝土路（步道）上的人们：邻居、朋友和我一起长大的人们和来这的路上遇到的人们。海滩的这边是布鲁克林，那边是皇后区。他们曾经经常称它为瑞奇湾。"他的妻子，也是一个退休的警员，说"以前每个周末，我们就搭车从瑞奇湾到这个海滩！是的，一直都是一群女孩。伸出手指，搭一辆车。就在贝尔特公园路上。"另一个人说 14 号湾在 70 年代曾经有很多青年人聚集的景象。一名 30 多岁的消防员说他和他的朋友在这步道上逛了 18 年——"就是在这个地方！"

大多数游客认为海滩应该保持干净，垃圾箱应该放回海滩。其中一些评论是更针对海滩的，看起来采纳的比其他地区少得多。一位女士问为什么去年管理人员没有给他们分发垃圾袋。然而其他人认为已经很干净了。一名消防员认为缺乏垃圾箱，使海滩变得更脏，但它还是"相当原始"的。他也认为国家公园管理局已经在 6 月做了大量的工作来填补沙子。一位俄罗斯裔女士喜欢"美丽的沙子、干净的沙子"。那个退休的警员认为这里的水很干净，"即使在经常下雨的夏天"（1988）。她又说"公园和水太重要了，能够创造一个美好的环境，让每个人都能去。"

人们喜欢 14 号湾因为它不像海滩的其他部分那样拥挤。他们最大的抱怨是缺乏服务；没有淋浴，没有食物，没有合适的厕所。一位女士抱怨购物中心的厕所脏乱不堪，一些人抱怨在尽端缺乏救生员：有人认为这使人们聚在海湾，以确保有救生员。在某些方面，这里的游客不喜欢管理人员经常出现：常客团体认为在联邦公园中酒精消费是合法的，就像他们可以在步道上喝酒而不受外界干扰（实际上，酒精在城市和联邦公园之类的地方是不合法的）。

116

环境：后滩区

森林公园

"森林公园"别名木制玩具游乐场，位于海水浴场更衣室东边，毗邻为残疾游客设置的东部停车场，有木板步道在 3 号和 4 号湾前方，在它的东边有一个小型的户外场地，公园朝耐布斯特（Neponsit）方向开设出入口。在正中央是三个高大的木制游乐设施，安装在一个沙箱上，由很少的水泥固定封闭。在车道边，靠近游乐场有几组无背长椅，更远处有一条两旁植树的水泥路。在游乐设施的另一边有一个开敞空间和几片草地，建议覆盖沥青，因为这里曾经有一个工厂。一个单独的喷泉也被安置在这个未限定的区域。靠近停车场是一个低矮的篱笆，把两个秋千从游乐场的中央分离出来。秋千的座位和地面填充物已经被移除，金属骨架仍然留着。[4] 森林公园的中央游戏空间没有树木，地面混合了砂子和几片草地。在游乐场的边缘，靠近停车场的地方是一个很窄的长满草的岛。附近其他草地，都被乔木和灌木包围，这些地方都没有为野餐者遮阴的设计，尽管他们经常这样设计（图 5.2）。[5]

在夏季公园的这个区域很安静。可能会有少量的野餐家庭，通常来自布鲁克林或皇后区，他们往往是碰巧有一天休假，决定来这个公园度假。他们带了来烧烤和沙滩休闲设备，通常坐在靠近步道的树下。女人们也会到游乐场照看在游戏的小孩。平日里这些游客会在东部停车场停车，那里通常是一个受限停车的区域。

在晴朗炎热的周末，这个区域就变成了一个活跃的家庭烧烤区。那些家庭通常早上 8 点左右到达，一直在公园待到傍晚。整个早晨，可以看到小面包车，小汽车和越野车陆续停到森林公园前的路边。乘客从车里跳出来，开始往草地上搬运他们卸下的烧烤架、冰箱、草坪椅、食品袋、婴儿车、气球、迷你音响系统，偶尔有游客带着轮椅。

游乐场和靠近停车场的周边场地，是森林公园大多数树木种植的地方；因此，第一个到公园的团体通常会选择在这里度过一天。那些想要进行日光浴，或带着帐篷来森林公园的游客，会选择留在户外空间。其他寻找停车场附近空地和阴凉的人，会选择游乐场对面的草坪区。成年人会监护少年和孩子游览公园。每天会有一辆政府标志的黑色越野车缓慢地在水泥路上巡视整个区域。公园管理员和救护员会从车窗给靠近他们车辆的游客一些建议，告诉他们公园的规则，并回答游客的疑问。

一般来说，周末野餐都是家人和朋友团体，人数 6—15 人不等。通常大多数团体都是和 2—5 个家庭团体一起协作烹调。因此，一些聚会的总人数能达到 30—75 人。许多团体包括一个家庭中的两代或三代人。

时钟区

时钟区位于 5—6 号湾毗邻步道的地方，在海水浴场更衣室西边，与里斯公园老式的街道时钟相对。这个区域在棒球场和有喷洒器的游乐场之间。[6] 野餐区中离海滩最近的地方有 7 个烧烤架。铁网垃圾桶遍布整个区域，一个红色的大金属桶放在一些烧烤架附近用来收集废弃的木炭。在夏季，公园管理处在这里安置了新的野餐桌。现在在两个破旧的木桌的基础上，

图 5.4　雅各布 · 里斯公园混凝土墙体投影中烹饪的公园游客

又增加了十几个新的木桌。

这个地区是遮阴区和开敞空间的结合。离步道最近的区域是没有树荫的，尽管这里有几棵很小的、扭曲的黑松和几棵已死的阔叶树，它们都是几年以前栽的，不能在沙土里生存。步道上倒闭的商铺的后墙，以及球场围栏附近散布的封锁的混凝土设施的墙体也提供了一定的阴凉。靠近停车场的地方有很多高大的树木，提供了很多树荫，一地松针，巨大的枝干上挂着吊床，气球，家庭聚会旗帜。除了这个地方，在海水浴场更衣室的方向，是一些开阔的草坪和灌木包围的地方，能投射出一点阴影。

119

购物中心

购物中心区包括走道两侧长长的矩形规则式草坪，航海灯柱，步道附近的海滩。还包括9 号湾的建筑物后面的阴凉空地，以及手球球场前长满草和灌木的开放岛屿。购物中心东西两边的草坪区和阴影区都用篱笆隔开以便修复。然而游客为了到达树荫下，仍然撞开了几处绿铁丝栅栏。

公园的这个地区周末人口稠密，平日游客稀疏。在周末，家庭和朋友团体早上 8：00 就来到公园，都打算待到傍晚再走。这些家庭主要是说西班牙语的人、俄罗斯裔人、非裔人（加勒比地区的）和印第安人。野餐者带来草坪椅、毯子、冷却机和便携式烤架。他们在树荫下布置他们的东西，那些树荫包括挨着新栅栏的很少的树荫和沿着走道的不到几英寸的树荫。沿购物中心草坪边缘的树荫是很有限的，因此许多团体的地盘从栅栏延伸到正式的道路上。栅栏内路灯和树之间绑了一些绳结吊床，目前是禁止游客进入的区域。其他人在这个区域和步道之间的建筑后面的灌木丛深处清理出空间来使用。人们离开之后，留下成堆的废弃木炭，几块烧焦的草地和纸盘子。一些喜欢阳光的游客在开敞的草坪上展开毯子和椅子，而其他人为缺乏树荫准备了帐篷，便携式鸡尾酒桌和遮阳伞。在购物中心距停车场最近的区域，游客安上球网进行排球活动。

发现：后滩区

　　总共收集了 64 个采访记录：森林公园 18 个，时钟烧烤区 24 个，购物中心草坪区，后滩，步道共 22 个。受访者中男性和女性人数相等，年龄 21—50 岁。研究发现，一半的游客认为自己属于说西班牙语的人，近四分之一游客认为他们是非洲裔美国人，另外近四分之一游客认为他们是欧裔白人。一半游客被当做从中美洲和南美洲、东欧、加勒比或中东来的新移民。另一半出生在美国或波多黎各。大多数的拉美移民出生在萨尔瓦多、危地马拉、哥伦比亚。欧裔白人出生在俄罗斯或波兰，大多数美国出生的游客认为他们自己是非洲裔美国人或说西班牙语的美国人。大多数受访游客住在公园附近。

　　约有一半的游客是中小学毕业，或从来没有接受任何教育。这些人中的一小部分是还在上学的青年。三分之一的游客是获得大学学位的。这些游客从事不同的专业和服务部门，如教育、护理、出租服务、工厂、家庭服务。从经济水平上看，游客混合了中产阶级，中下层阶级和贫困家庭。他们提供了他们的收入状况，家庭成员数量，他们用很少的收入维持了成员很多的大家庭。一个波多黎各女士认为她的收入"少，少，少，最低的收入"。

　　三分之一的受访者游览公园的年数都在 10 年以上，许多人说公园伴随他们成长。另外三分之一的受访者说这是他们第一次到公园游玩。还有一些人刚开始定期在夏季游览雅各布·里斯公园。大多数后滩野餐者都是成群结队前来。超过一半的人是和家人朋友一起来的，将近三分之一的人是和非正式组织家庭团体一起来的。有时这些家庭团体到公园庆祝家庭聚会，生日聚会或非正式的同事聚会。其他人是和正式的组织一起到公园的，包括教会组织和男人避难所。

　　他们的主要活动包括野餐、社交、休息，在海滩上照看游玩的孩子，参加聚会，到海滩上散步或观看游人。他们也会游泳、打篮球、板手球、棒球。一些像足球和排球之类的运动项目，没有指定的永久性设施。

　　游客喜欢公园因为他们对这个地方有归属感。他们也喜欢海滩和公园的便利性。许多人认为公园干净，维护良好，适合孩子游玩。他们喜欢各种设施布置得密集些，以便到达，确保他们能够照看孩子，并在公园创造安全感。许多游客也喜欢公园的气氛和美丽的景色。他们在公园感到"舒适"、"放松"、"满足"和"无忧无虑"。

　　靠近海滩的烧烤区是最吸引人的地方。许多公园使用者说烧烤区是不可能在附近的公共海滩的。一些游客甚至怀疑，尽管他们自己也烧烤，但是这实际上是不允许的。在访谈期间，一些游客表示他们担心志愿管理者会来阻止他们的聚会，或他们会问采访者他们的行为是否合法。

如上所述，游客们很喜欢烧烤，但许多游客都感到失望的是没有足够的烧烤架可用。一位说西班牙语的移民评价道，就是因为大量的穷人来这个公园，这个公园就更不能缺乏设施。许多人叫喊道"我们需要烧烤架！"数据收集初期，游客也会抱怨缺乏野餐桌和长凳。7月中旬安装了新的木质野餐桌，然而却引起了许多游客就公园员工是如何改善公园环境的评论。

游客还抱怨整个后滩区缺少树荫，并希望管理人员"不要再砍伐任何树木了！"他们问道"为什么公园不重新制订一个植树五年计划？"树荫下是最适合烧烤的地方，游客感到树荫太少了，空间也有限。

过去的几年，购物中心的常客尤其感到不安，因为不能确保有用来野餐的阴凉空间。有人认为树木已经被毁了，他们经常归咎于其他游客粗心大意导致的树木状况恶化。但是他们并不乐意让管理人员关闭"他们的"地方。一个家庭在接受采访时说，他们离开公园了并且他们也不会再回来了。几个典型的在购物中心野餐的家庭在森林公园和时钟区接受采访，他们谈到不乐意但是不得不转移到其他地方。

树荫区不是公园里唯一缺乏的区域；海水浴场更衣室，海滩和停车场附近的空间，以及私密空间也很缺乏。一位非裔母亲解释说，她需要空间以远离他人，因为她的孩子对别人的东西感兴趣，还有一位厄瓜多尔裔父亲不想让他的烧烤烟雾影响到他人。几个俄罗斯裔游客说到，他们更喜欢独处，希望其他人不要打扰他。说西班牙语的家庭和说西班牙语人的教会组织声称，他们需要更多的空间来创造大聚会中小团体之间的凝聚力。

公园里有限的树荫空间迫使许多游客清晨便到达公园只为了占一个位置。比如一个年轻人早上7:00便来了，他睡在睡袋里，只带了一个小桌子和一瓶苏打水，为了为他的家人占一个位置。清晨的竞争反映了这些空间对游客来说是多么宝贵。那些占据"最佳地点"的游客明确提出，在公园有空间可以确保他们能靠近设施和坐在树荫下。许多游客虽然没有得到树荫，但仍然认同一个事实，那就是野餐设施、海滩、海水浴场更衣室和游乐场之间的密切间距是一个吸引人的特征。公园空间的邻近和多样性适合孩子同样也适合成人。一位女士说，"成人喜欢草坪，孩子喜欢沙子。"一位波多黎各的父亲在摇摆的吊床上喝着啤酒说，"当孩子在海滩上玩的时候，我妻子和我能在这里休息。"

大多数后滩的游客都是带着孩子来的。"这都是为了孩子！"一个母亲说，"我想让我的孩子快乐，给他一个玩耍的地方，让他们从家里出来，呼吸新鲜空气。"母亲们喜欢公园，但是觉得这里非常需要增加游乐设施，活动区和适合所有年龄段孩子的项目。在森林公园，家庭为他们的孩子带来娱乐设备，包括可以连接到游乐场的便携式喷水器。在购物中心的家庭认为，游乐场太远了，他们希望附近有更多适合孩子的活动。他们到购物中心来，只是因为公园里距游乐场更近的其他部分缺乏树荫。母亲们也充分肯定公园是安全的，因此他们的孩子能任意游玩。一位母亲认为有些汽车围绕公园开得太快了，这样很危险。

多数乘车来的游客认为停车场服务不贵，但是很多人认为，每天不止一次向游客收费是不合理的，因为人们有时想要离开一会儿就返回。有的游客对滥用停车场特权感到不满，他们怀疑那些人是否有资格使用专门为残疾人而设的最近的停车场。一位长期使用者的妻子是残疾人，他说方便的残疾人停车场是他来这个公园的主要原因，这个公园是他最喜欢的地方。残疾人停车场和坡道是很重要的。游客们会在野餐区前方的后滩路边卸下他们带来的大量娱乐设备。一些游客说他们知道这些区域不能停车，然而他们需要辅助设施帮助他们进入公园。他们不喜欢公园限制装卸的规则，也觉得公园员工采取了不必要的敌对方法来执行这个规则。

总的来说，后滩是很受新移民欢迎的，他们的第一语言可能是西班牙语、俄语、波兰语或印度语，他们可能英语程度有限。这些游客可能不熟悉或不太能理解公园规则。他们也可能会习惯用接近他们本土文化的方式来使用公园空间。比如，许多说西班牙语的游客喜欢在吊床里休息；然而，这种行为可能对那些用来绑吊床的树木、灯柱和栏杆有害。许多加勒比游客喜欢听高分贝的音乐，这种行为在吸引游客的同时，也会打扰到其他游客。许多东欧裔游客不喜欢公园员工和其他游客的打扰，当公园员工向他们宣传使用公园的重要信息的时候，他们之间更容易发生冲突。有些海滨野餐者来自气候温暖和海滩炎热的国家，他们习惯于享受自然阴凉和遮阳设施的保护。在缺乏阴凉的地方，这些游客常常在树干之间拉起防雨布，把纸板扔到树枝上，或在购物中心区撑起帐篷。这些行为是违反公园自然资源保护规则的，也威胁了游客的安全。

但与此同时，许多后滩区的游客很少或没有受过教育，来自低收入的大家庭；通常，他们很少有时间去享受海滩。这些特点（当然不是所有的游客）显示了许多公园使用者生活在经济困难的状况下。这个公园提供了一个供本地使用的唯一的娱乐方式，是非常重要的资源，可以释放和逃避城市环境和每日生活的压力。

结论

总的来说，雅各布·里斯公园服务于多种多样的使用者，从第一次来的贫穷的新移民到已经游览公园20余年的富有的专业人士。各种层次的家庭收入、教育程度和职业，因此从社会经济学的观点，它是一个真正的属于每个人的公园。即使是第一次使用者和一夏季仅一次的使用者（131人中的32人，或24%）以及那些每周1—4次的经常使用者（131人中的46人，或35%），他们的比例都是均衡的。这里的常客比初次游览的游客多（20年以上游览经历的25人，初次游览17人），但是公园在保留当地常客的同时，也吸引新游客。雅各布·里斯公园是一个区域性公园，为布鲁克林和皇后区的人们服务，毫无疑问它利用了这些社区文化和经济的多样性。

与此同时，不同的游客要求不同的领域，这些领域和游客的需求和期望也不同。为了制订更新和改造的行动计划，理解公园不同的领域很重要，比如海滩和后滩区，有明显的联系，但是侧重点不同。从保护规划和设计角度来看，很难制订一个规划来满足所有人的需求。然而一系列的策略和指导是必要的，不同的策略针对不同的人群。

比如，后滩区的野餐者是公园最新的游客。他们大多数只说西班牙语，刚从中美洲或南美洲来到美国，这些游客都是最穷的，自己没有设备和资源。他们需要更多的野餐设施如桌子，阴凉（树荫、帐篷或凉亭），以及烧烤架。海水浴场更衣室可以供这些家庭的孩子和老人使用，安全的游乐场可以使孩子们在大人的监护下在附近游玩，邻近的海滩护卫队可以保证他们的游览顺利和安全。这些新游客喜欢组织大型家庭和朋友团体一起游览。他们喜欢阴凉，习惯挂起织物和吊床用于遮阴和休息。目前历史景观不适应这些游客对阴凉和大型聚会的需求。少数的死亡树木需要替换，那些易病的且不能提供很多阴凉的黑松也需要被替换。在1936年摩西的规划中野餐区很少，他设想游客们来到海滩会坐在毯子上，没想到（也不希望）会有大型团体在他为中产阶级设计的公园里烧烤。为了适应新游客的需求，富有创意的设计以及公园员工和这些游客之间更好的交流是很有必要的，以解决这种文化和景观的冲突。

更进一步就移民游客而言，他们的孩子要尽可能多地了解他们在美国的新生活，像游泳之类的项目，安全是很重要的。但许多父母不能读写英语，因此要让他们了解这些项目，需要针对特定群体并创新跨文化拓展的形式。与典型的海滩使用者不同，后滩区的人们对公园的商铺不感兴趣，他们带来食物并自己烹调。最终，这些群体会享受音乐和舞蹈，特别是拉美风格的旋律和莎莎舞，而且会享受夏日午后的音乐会，并回忆他们的家乡（给他们的新海滩带一些家乡的气息）。因为这些新游客很贫穷，雅各布·里斯公园能为它们提供很实际的服务，我们认为他们的需要应该是公园最优先考虑的事。

不幸的是雅各布·里斯公园作为"国家的"公园，没有资金发展当地社区。但大多数国家公园都在现有资金水平上挣扎着。在某种程度上，国家休闲区的情况比一些国家公园好，比其他的差。2000年公园开始了四年计划以改善恶化的城市娱乐设施。大约45万美元用于改善球场、孩子游乐场、休息室和野餐设施。这些资金的一部分用在雅各布·里斯公园。同时，纽约城市公园和娱乐部的运营经费在过去的十年被削减了。如果雅各布·里斯公园还是一个城市公园或以某种合作形式被保留，那么将会发生什么仍然是一个很重要的问题。可能会获得更多必要的资金以发展教育和文化项目，就像奥查德海滩一样，自从它的使用者在纽约城市政治活动上发出呼吁后便获得了更多资金支持。

然而，1号湾,5—6号湾和14号湾的使用者不希望看到有限的公园资源通过这种方式分配。他们对野餐区、教育和文化项目没有兴趣。对他们来说，短期改造应该集中在护卫队，海水浴场更衣室和垃圾桶上。因为这些游客只认同他们喜欢的海滩部分，护卫队是最主要的。由于种种原因（同性恋，宽容度和安全事件），1号湾的游客在海滩上活动已经相对缺乏灵活性。因此，当没有护卫队时这些游客是处于危险中的。而直接资助另一个护卫队可能不可行，可以安排一个护卫队一周在1号湾巡逻几次。也许可以实行轮换制度，而不是短期守卫在海滩的某个区域，或安排护卫队在关键位置，特别是人多的地方。基于对游客的访谈和对海滩的观察，我们发现1号湾经常是没有护卫队的，有时其他人更少的地方却有。

人们使用海滩（不是野餐区）最强烈的感受是设施条件落后：步道是粗糙的混凝土，裂缝中长满了草，表面上还有沙子；恶化的球场；关闭的海水浴场更衣室。少数海滩使用者关心野餐桌，烧烤架，游乐场和音乐。游客来到雅各布·里斯公园是为了海滩和游泳，因此他们关心的焦点是海滩的清洁，海水浴场更衣室和淋浴的可用性，如果在1号湾，附近有没有护卫队。这些焦点是关于个人的而不是家庭性活动的。

大多数到海滩的游客会抱怨缺乏休息室或淋浴设施，以及商铺里的食物种类有限。更多的便利设施能吸引新的游客。比如，游客喜欢14号湾安静，隐蔽的气氛，但提供基础设施（如海水浴场更衣室和户外淋浴）不能增加它的隐蔽性，而西边有更多的海滩可以提供隐蔽空间。14 号湾的停车场也是一个问题：停车场相当远。

对雅各布·里斯公园的快速人种志研究揭露了一些问题，那就是当文化和社会群体在一个限制性的历史景观地带争夺有限的资源的时候，冲突就会发生。但与此同时，研究显示里斯公园通过提供不同群体要求的多样的领地或"位置"，成功地吸引了各式各样的使用者。虽然不同的游客会选择不同的改善方面，但所有人都同意这是一个很棒的公园，在公园的使用方面，适合他们的活动和文化模式，并使团体之间的冲突最小化。人们可以聚集在宽阔的步道（公园最大的公共空间）上一起体验公园的多样性。

雅各布·里斯公园是一个服务于新移民的海滩，同时也是服务于布鲁克林和皇后区的从穷人到中产阶级的海滩。海滩海湾和后滩区的空间组织创造了领地，激励了强烈的责任感和地方归属感。而且，这些"领地"在该地区水平上提高了社会宽容度和文化融合。扩大公园现存的优势是吸引新的使用者和增加游客量的方法。

注释

1. 飞机库 B，是一个志愿者项目致力于修复十个有历史意义的飞机和十四个位于北端的飞机库。
2. 真正的木板步道在纽约州、新泽西州和特拉华州等美国中部濒临大西洋的各州，是一种普通的海滨便利设施，人们能在公共海滩找到它们。
3. 雅各布·里斯公园 1 号海滩禁止裸体的努力，以一场纽约州最高法院的法庭诉讼而告终。联邦上诉法院支持该州法律禁止在公共海滩裸泳。
4. 森林公园已经扩展，最初的木质设施已经被替换。
5. 2004 年，旧的游乐设施已经被替换。那些使这个地区在 2000 年变成一个受欢迎的野餐区的日本黑松都病死了。
6. 2004 年，棒球场变成了一个时钟野餐区的延伸。公园管理处为野餐群体建立了几个凉亭，提供了更多的野餐桌。然而树木比 2000 年的时候少了，剩下的大多数黑松都病了，没有新的树木替换他们。

第六章 佩勒姆湾公园的奥查德海滩
——公园和象征意义文化的表达

引言

在 1996 年 7 月的第 4 天,我(Suzanne Scheld)第一次来到奥查德海滩。通常,这种假日都是把烧烤、好心情和红、白、蓝的画面联系到一起。那天在这个公园里,我找到了所有这些。美国国旗的颜色格外突出耀眼,实际上除了星条旗之外还有许多,我看见了三角形、矩形和十字形的红、白、蓝是波多黎各和多米尼加的标志。这些具有拉美和加勒比海特性的标志被系在树枝上或投递到野餐区域。在树干之间构筑的狭窄蜿蜒的片块是为了创造私人空间从而使每个家庭的野餐空间有很好的划分。这些具有装饰性和表达性的地方主义给我留下了深刻的印象。公园成为了一个不同文化群体分享和重塑一个国际节日的场所。

奥查德海滩是我们第二个城市海滩的个案研究。相对于雅克布・里斯公园来说[1],奥查德海滩是一个使用充分的公园。这里充满了生命、活力和文化的旺盛表现。奥查德海滩位于布朗克斯区韦斯特切斯特县的边缘,是佩勒姆湾公园的一部分(纽约市最大的公共活动空间)(地图 6.1)。这里总是有许多游客,尤其是拉美裔游客、老年人和自然主义者居多。本章描述了这些文化群体的象征意义的表达,它阐述了象征意义的数量和类型对于进入公园的游客来说有多大影响。公园的规划、设计、管理会压制游客文化的表达。然而,在奥查德海滩的这个案例中,这种时而有意时而无意的自由式管理使得游客群体通过他们与公园之间的联系可以精心构成独特而富有象征意味的景观。

作为热点公共中心,奥查德海滩具有额外的意义。这个意义是,它作为支撑拉美裔人社团特性的一种资源从而为维持纽约文化多样性作出了贡献。从这个角度看,奥查德海滩与美国海滩相似,后者是一个佛罗里达海滨公园,以其在非洲裔美国人历史上所起作用而闻名。在 20 世纪 30 年代中期位于美国东北角的阿米利亚岛(Amelia Island)上,美国海滩发展成为非洲裔美国人人寿保险公司雇员的度假胜地,这是由于当时美国的种族隔离使得黑人和白人不能共享公共娱乐资源(Phelts 1997;Rymer 1998;Cruikshank and Bouchier 2001)。现今从镇上的居民对建筑

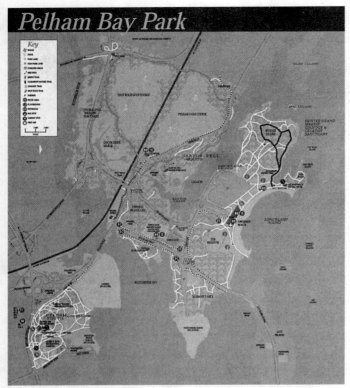

和壁画的装饰可以看出，人们对于美国海滩在政治和社会的重要性还没有忘记。

在奥查德海滩，制造这种与拉美裔人的联系并非是对于种族隔离形成的美国海滩的回应。但是，经济上的忽视、空间上的隔离的生活使得拉美裔人在布朗克斯区的奥查德海滩发展成了一个强大的拉美裔团体，并且在公园里投入了文化意义。本章反映了游客群体，尤其是拉美裔游客，通过象征性形式的表达进行文化交流，例如音乐，舞蹈，食品娱乐活动，谈论有关公园的知识和经历。这种交流反映了如何使得在这个城市里处于社会边缘的群体在公园里感受到在家一样的感受，也反映他们如何使它成为一个他们自己的地方。

方法论

公共空间调查小组（PSRG）在 1996 年 7 月—1998 年 8 月间对佩勒姆湾公园做了一项使用研究。奥查德海滩就是这个研究最大的焦点，虽然公园其他的部分也被测试过，包括沿着 95 号州际公路和罗德曼颈（Rodman's Neck）方向的单独的南部区域。

公园的管理者会定期带领使用者研究小组更好地领会他们所服务的民众为创造一个成功的公共空间做更高效更精准的努力。尤其，这些研究的重点是描述游客的人口特征和通过广泛分布地自主调查收集使用者对公园的评价。佩勒姆湾公园的管理者更愿意采用文化互补的方法，除了普通的统计调查之外，这种方法需要采取更广泛的观察者参与、行为映射、关键人物访谈和面对面的访问（更详细方法的描述见第八章）。

图 6.1　奥查德海滩的散步大道

　　在他们接受人种论理论的时候管理者们个人与公园的联系就成为了一个要素。政府和其成员在关键人物访谈中透露了他们本身与公园有着强烈的文化关联。有许多与公园有关的活动如锻炼和家庭聚会。有些人谈论公园里出现的特别运动场地和海滩，还有一些人热衷于谈论他们曾经经历过的交际组织和公园的特别功用。

　　通过关键人物访谈就会使公园管理者清楚了解许多他们应该和他们遇到的游客谈及的意见。最重要的是，即使这些信息展现了公园的使用者是如何批评管理者的或者找到公园的瑕疵，公园管理者们应该对游客们的意见的基本评价有所表述。简单地说，公园对于管理者个人和兴业的生命力有着深刻的影响，这表示他们在公园上的成功超越了工作的范畴。管理者的社交和情感与工作地点有联系，这为他们找到人种志研究的价值提供了指导。

　　一个次要因素为公园管理者感兴趣的人种志研究作出了贡献。只有少数行政官员监督佩勒姆湾和凡科特兰（Pelham Bay and Van Cortlandt）（两个纽约市较大的公园）包括布朗克斯区内其附近的许多公园。不可否认布朗克斯区公园的管理是有缺失的。他们深深地意识到由于预算和人员的原因公园的管理和维护问题有时不能解决。管理者与公众有限的联系逐渐呈现了独特的意义。在研究期间，管理者对公园的构成表达了强烈的看法，但是他们想要知道他们是否对游客的观点给予了过多的重视，毕竟他们的声音只代表他们个人的不满和意见。但是那些由于社会和文化的原因不能出来发表意见的游客呢？如果定义了管理的重点，公园的管理者还会顾及游客们泛泛的意见吗？除了能够帮助深入理解游客们的意见和行为，公园管理者们更愿意通过研究来证实他们的对于公园的个人观点。

　　政府给了公园公开和利益，研究的重点是公园的社会生态学和文化意义角度上影响公园的使用者的价值取向和行为方式。无论什么样的天气，调查队伍在四季的各个时段都对佩勒姆湾进行了实地调研。在奥查德海滩上，有三个地区被选为近距观察的目标：海滩1—9区（这里的部分地方在经历修整），以及猎人岛和双岛（Hunter and Twin Islands）（包括在步道上的生态中心）。海滩10—13区，野餐草坪和池塘区域，停车场被控制在一个相对小的范围内。调查小组访问了149个使用者，对他们的价值取向，感知观念和偏好进行了测试。访问探查了使用者关于游览的方式，在公园里的活动，有关公园的知识，与公园相联系的意义和对公园的估价。回答的形式同性别、年龄、受教育程度、收入、种族、国籍有关系。

使用者研究包括统计计算，佩勒姆湾公园的统计是在公园的4个入口处。奥查德海滩的统计点安排在停车场。[2] 因为整个公园是我们研究的焦点，所以奥查德海滩的特殊数据没有被分离除了少数特殊的日子。佩勒姆湾公园游客最多的一天是7月4日，这天的游客人数大约有31050人，大约有21650人去了奥查德海滩。调查发现，说西班牙语的人/拉美裔人是佩勒姆湾的主要使用者（63%），非洲裔美国人次之（23%）。这些发现恰好与布朗克斯区的人口统计参数相一致，他们似乎重复访问了奥查德海滩。

历史背景和社会环境

奥查德海滩自古吸引那些喜欢把这里变成自己地方的人。经过早期的环境组织几年的运动，由John Mullaly（Schnitz and Loeb 1984）发起的新公园运动，在19世纪80年代建造了公园。直到1885年，纽约市兼并管区，布朗克斯河以东的全部区域属于韦斯特切斯特县。这时的权力机构反对建立公园，因为这样会使相邻城镇获益更多。一连三个市长都不愿意签署通过建造公园。即使1888年这块地划归到纽约公园娱乐部门管理，政客们还是想要把它建成医院，监狱和环卫地区。

然而，新公园运动坚持其立场即土地服务公众的方式是作为"令人愉快的场地"。但是就这个公园来说，它究竟要作为哪种"令人愉快的场地"才好呢？在世纪之交的时候，这里耕地情况恶化，百废待兴，16世纪的时候，财产被荷兰人和英国开拓者的后裔所拥有，在这之前是美国本土原住民（Siwanoy-Lenapi）。随着地区农业价值的逐年下降，种植园和农场逐渐被人们放弃。按照早期的环境保护论学者观点，这一片如此有价值的地区变为荒野是由于无知造成的，土地变为了原始的未开发状态。对于他们来说"原始"荒野的概念是指准公园，即不需要介入干预的公园。不同于其他建造好的城市公园，中央公园和普罗斯佩克特公园，新公园运动坚持主张佩勒姆湾公园不怎么需要开发，而且维护费用也会相对减少（Schnitz and Loeb 1984）。

根据公园的历史（纽约城市公园和娱乐场所1986），一旦城市政府掌管佩勒姆湾公园和奥查德海滩，那么放任计划的办法就见效了。总的来说在建设设施和公园的发展方面的花费是尽可能的少。"闪电丽人"（The Flying Lady），一种可以增强奥查德海滩的可达性的单轨索道，在1910年的时候被建造，由此可以看出，对于公园的发展他们总是采取保守的措施。在汽车被广泛应用之前，游离在轨电车系统之外的公园很难到达。"闪电丽人"能够克服这个困难，它能够穿越丛林在巴托火车站和城市岛桥之间来回地运输游客。这样的运转没持续多久，一辆车就从轨道上掉了下来，虽然事故并没有多严重，但单轨索道再也没有被重建，也没有其他新的运输工具来补充。对于那些没有自己交通的工具的游客来说进入奥查德海滩依然是困难重重。在世纪之交的时候，这种原本想最大限度保护公园的景色的放任式经营发展办法，竟然事与愿违的把大部分想去的人挡在公园门外。

早些年，公园的支出预算的限制使得公园一直进行低调经营。一开始，公园部门依靠"合伙"进行发展。政府为了创收把一些公馆租赁给公园作为宾馆和饭店。一方面，这种古老的"成本分担"办法给了私人企业和志愿团体与公园合作的机会。另一方面，利用收益他们可以按着自己的想法对公园的进行改造。作为公众的保留意见有时公益慈善活动与公园的形式发生矛盾。例如，政府依靠社团，像国际公园俱乐部，在1915年彻底重建了巴托公馆（Bartow Mansion）和壮丽的英国公园（纽约城市公园和重建，1986）。

最后公园的被动管理方式还是提高了游客数量和游客自治。在1911年布朗克斯和佩勒姆的绿化道路的完成给了公众提供了更多的方式进入公园，几乎同时出现了众所周知的"帐篷区域"或"帐篷城市"，他们通常也指那些整个夏天在公园的露宿团体。起初，在19世纪90年代的早期，这些野营者露宿在猎人岛那里。在那个时候的露营场地古香古色以及宁静。根据历史记载，在1907年，公园委员对这些在有着丛林、泥路、石岸的猎人岛上野营者发表了大约250项许可。到1922年，在猎人岛露营的人数还在不断增加，对于三千多人的露营者们，政府已经发行了多于534项许可（Lubar 1986, 76）。露营的队伍随着时间迅速发展，以至于自然资源不堪重负，这迫使政府把露营者从猎人岛转到了罗德曼之颈，在那里露营活动继续火爆直到20世纪30年代。

在帐篷地区露营呈现了自己的生命。夏末，对于那些下个夏天还回来露营的人，政府允许他们把装备存放到海水浴场更衣室里。在公园里他们居住的帐篷的结构暗示了这些游客的某种永存。营地是近乎固体的庇护所有着水泥打上木桩的地基。有一些有木头围墙，其他的一些是帆布的延伸。平均来看，这些帐篷的尺寸大约在20—40英尺之间，缠绕着电线和电话线，装饰着砖块铺的步道，家具和中国灯笼（Scott 1999, 91）。游客给他们的帐篷起了几个特殊的名字如"空闲时间"和"无聊者四号"（92）。

历史学家记载，这种社团的活动都在帐篷区域。正如Henry Lubar所描述的"海滩提供了宁静和社会氛围。医疗，防火和公园的职能部门加强的严格的章程，确保了安全，露营者更加强了秩序……露营者组织了他们自己的清洁队，消防队和人防队，所有的垃圾在一英里之外的特别的容器里燃烧掉"（1986，76）。从其中一个露营者的回忆录中可以证实当时这个团体合作的场景。他写了在帐篷地区出现的便携式倒空马桶。无论是出去还是回来，居民们沿着岸边的道路会途径彼此，带着他们那超大号的"锅"（Sims 1986）。在他们经过其他人的时候，他们很少有交流，这也表明了这种"快速行走"是1916年奥查德海滩上的露营者们认可的一面（Sims 1986）。对社区的归属感也表现在营员们为自己组织的私人服务上，如各种日常的食品的赠送和邮件的传递，以及社区组织的庆祝活动像草坪上的舞会，槌球锦标赛，为儿童游戏（Scott 1999，91）。

在第一次世界大战期间，热情高涨的帐篷聚居区也因为其强烈的美国意识而广为流传。露营的人在他们的帐篷上挂着美国国旗来支持那些在公园里训练的士兵。在1917年，美国海

133

军佩勒姆湾公园的罗德曼军事基地里成立了一个后备人才训练站，这个训练基地的建设，将标志公园作为招待各类士兵用途的历史开端。[3] 在那个时代，海军水手带着情感来到公园，露营的人会站在他们的营地旁边为军人举杯欢呼。他们会把成桶的冷柠檬水和布丁作为礼物送给士兵（Scott 1993，53）。

134　　据历史学家介绍，帐篷聚居区是一个活生生的有组织的并且深深扎根在公园的社区，但是这种社区最终还是消失了。1935 年，过度拥挤，过分使用，脏乱的公共形象加速了公园管理者驱赶露营者的进程。民众开始抱怨只有布朗克斯的民主党派人员才会被允许进入，而大多数露营者都是城市雇员，这种偏袒的存在引起群众的普遍怀疑。其他人埋怨公园许可证是被承租者用来营利的。公园聚居区中的人们证实了这一现象，与此同时人们在抱怨大量的民主党派人士进入公园露营。简言之，帐篷聚居区在增大，而这种社区去被分割成许多小块，公众也是日益带着批评的眼光来观察在奥查德海滩里发生的一切。为了恢复公园在大众心目中的良好形象，改善帐篷聚居区的工作也被提上了日程。

　　20 世纪 30 年代，公园管理者迅速去除了以前放纵的管理方式，取而代之的是从上到下的缜密决策的管理。一个新的决策实施了，公园不再是滋生混乱的天然保护区，而是向大众的娱乐场所发展。1934 年，罗伯特 · 摩西担任纽约公园委员会的长官。摩西对奥查德海滩的第一个举措就是在 1935 年彻底推平了帐篷聚居区和一些他不认同的临时构筑物。他开始了新的规划设计，包括从新泽西州引进大量的白细沙来创造 1.2 英里长的弯月形海岸线和通过废物填埋来连通猎人岛和双岛。他也建造了一所现代的海水浴场更衣室所包含了 7000 人的衣帽间，舞厅，餐馆和 VIP 包间。在海水浴场更衣室的前面他设计了一个正式的商业街入口，在建筑和沙滩之间铺设了一条 50 英尺宽的人行道。其他的特色还有娱乐场、推圆盘游戏、篮球场、手球场，最大的配套设施就是能容纳 6800 辆轿车的停车场。这次翻修的主要目的就是扩大公园规模并使其更加现代化，把公园变成一个可以娱乐全家，举办大型公众庆祝活动的场所。像周三焰火晚会，选美比赛，舞会音乐会，健美操比赛等各种活动的举办给公园创造了美丽和谐积极向上的气氛，这正是摩西所期盼的（Lubar 1986, 80）。人们正是因为被这些豪华的娱乐设施深深吸引，所以都愿称它为"纽约的里维埃拉"（Riviera）。至今还有人会称它为布朗克斯的里维埃拉。

　　第二次世界大战期间公园的重建成功地吸引了大量的游客驻足。在这个时代，大量的
136　强势的西欧后裔占有了公园。西尼尔族至今还记得当时那些种族是怎样抢占公园的。海滨的 11—13 区被认为是意大利人和意大利裔美国年轻人的地盘。猎人岛则被约克角的巴伐利亚人强占。

　　同时代的一位意大利后裔回想起来那时来自亚瑟大街的意大利女孩是怎样兴奋粗野的人。由于她漂亮的外表，尽量去占用公园的其他部分。另外一名游客回忆说虽然露营在公园里已不再是正式的活动但是巴伐利亚人和一些游客仍然会在冬天居住在公园里。她说：

　　　　作为一名小孩我很乐意去公园滑雪橇……特别是当我看见有人用很大的锅煮着美味的菜肴……闻着他们的饭菜我们会有快要饿死的感觉，他们的饭菜太香了，他们喝点烈酒闲坐在篝火旁，脸上泛着微微的红光。常年露营在猎人岛的这群人非常

图6.2　从奥查德海滩的人行道看佩勒姆海湾

图6.3　奥查德海滩内的专设区域

第六章　佩勒姆湾公园的奥查德海滩——公园和象征意义文化的表达　　**97**

友善，特别是在冬天。我想是他们家乡的气候和这儿的冬季很相似的缘故吧。

还有一些那个时代的游客记得一部分热爱美国的游客会在公园里开辟一些英国传统花园。在生态中心的一次会议上有一位长者这样报告：

> 许多年以前，一些自德国、捷克、匈牙利等地的欧洲人来到这里，周末还在这里露营，他们建立了多个排球场，没有人会去破坏这些场地……他们设计了漂亮的花园，也没有人回去肆意毁坏它们……他们会一整夏待在那里……在公园里你将再也看不到这种景象了。你能否看见球场残留的石头？你注意到那些石基没有？这些残余的石料静静地安放在偏僻的角落里，现在人们都乐意去那些角落里垂钓……真是一个完美的地方……你曾经到过吗？

在 20 世纪六七十年代进入公园的游客也在不停地发生着变化。在布朗克斯的拉美裔人口迅速膨胀，速率远远超过非裔人和亚裔人，主要归因于一些社会学的因素，像波多黎各向纽约的移民急剧增加，某些特定的曼哈顿区的中产化使得一些少数民族迁居到布朗克斯和其他一些行政区。随着布朗克斯人口密度和少数民族的人口量的增加，许多在社会中可以流动的白人家庭迁移到了郊区。另外，在韦斯特切斯特县扎根已久的中产白人社区限制峡谷岛和其他海滨只对自己居民开放，因此大大减少了布朗克斯居民在海滩娱乐的机会。布朗克斯的移民方式和中产阶级房产认证途径结合到一起促使游客大量增加，特别是拉美裔游客来到奥查德海滩。

这个时期同样是美国社会经历主要变化的一个时期。传统的职权被质疑，公众社会行为开始自由化。城市公园的变化也是看得见的，像人们开始试图吸食药物，海滩上的性开放，游客、员工、警察之间的逐步升级的冲突。那时公园管理的预算很紧张，所以在管理方面出现的大量问题也很难得到控制，包括在缺乏监视的密林区域发生的犯罪暴力活动。公园对游客失去控制导致了奥查德海滩在游客心中暂时的负面形象。这些问题并不是奥查德海滩的特色，然而，就像许多遍及整个国家的海岸公园同样经历了相似的困难。举例来说，在洛杉矶（Edgerton 1979）和纽约（Kornblum 1975）的雅各布·里斯公园就发生了相似的情况。

自从 20 世纪六七十年代，奥查德海滩和佩勒姆海湾公园的形象改变后，拉美裔游客仍然是去公园的主要游客群。奥查德海滩作为一个充满热烈和和睦氛围的地方，一个家庭能铺开，和其他人一同享受充满活力的音乐和舞蹈，同时能够在公园里安全地再现长时间的这样的一个地方早已被我们所熟知。

在过去的 20 年里，公园仍然很受欢迎，虽然游客数量有一定的波动。这可能是改变整体的娱乐模式作为购物中心和其他空调扩展空间的结果。这种波动可能也涉及公园在有限的预算下的管理挑战。在游客需求和公园的能力之间维持平衡，在预算不够人手不足的情况下，来满足这些需求往往不是件容易事，正如我们从有历史意义的佩勒姆湾公园所看到的。今天的公园管理也面临挑战，包括适应来自中美洲、南美洲、加勒比海、东欧、东亚的游客以及休闲活动，包括水上摩托、溜冰的新型管理模式，带有干扰性的使用音响、强大的汽车立体声响和游客操作的摄像设备。这些挑战必须满足，而维修老化的公园也在进行。以下讨论了一个游客主动性和管理能力的成功案例，在不同使用者、有限的资金和不同的社会历史环境中的奥查德海滩。

拉美裔游客

如前所述，奥查德海滩是一个重要的服务于活跃的拉美裔社区的娱乐场所。在夏季公园举办周末音乐会，吸引了公园全年最大的团体，有很大一部分是有西班牙语文化背景的人。非正式活动，也定期吸引拉美裔游客。在一个典型的夏日里，有众多拉美裔家庭在海滩的帐篷里或在树荫下的野餐区庆祝生日和家庭团聚。许多这样的聚会是一年一次的，往往会把家庭成员从城市的四面八方聚集起来。拉美裔游客从不同的社区［包括部分南布朗克斯（South Bronx）、华盛顿高地（Washington Heights）、东哈莱姆区（East Harlem）、阿斯托里亚（Astoria）］来到公园，面对面交谈。这些地方的成员带来午休用的吊床、多米诺用桌子、烹调鸡和西班牙辣香肠的烤架。

在野餐区家庭展示国旗并装饰印有西班牙语和英语家庭名称和标语的旗帜。一些夫妇在沙滩或草地上伴随着小型便携式音响发出的梅伦格舞曲（merengue）、萨尔萨舞曲（salsa）或昆比亚音乐（cumbia）跳舞。在这些大型团体中，通常有两三代家族的成员在场，或多或少，每个人都会轮流游戏和照看孩子。这里也有一个好的交易，在聚会团体之间借用彼此的小用品，那些他们可能急于去公园而忘带的东西。他们要求物品和孩子的交流，最终使一些聚会合并在一起。

图 6.4　奥查德海滩的野餐

除了五颜六色的野餐场景和有组织的音乐节目，说拉美裔游客会在周末组织他们自己的非正式的舞蹈聚会。在夏天我们研究开始了，一个名为"弗兰克"（Frankie）[4]的特别的游客在一些活动区域自愿建立了自己的音响系统。[5]基本每周一次，他会成为一个活力十足的萨尔萨典礼晚会的主持人。弗兰克的项目用有活力的音乐活跃了公园，他激发了各个年龄段的游客去寻找舞伴并在舞池舞动。

偶尔有摇摆骑客（Swing Bikers）的游行出现在公园里，加入到庆祝活动。摇摆骑客是一个主要由收集外观古董自行车的个人组成，可以追溯到 20 世纪 50 年代。会员在手把上插上迷你波多黎各国旗，慢慢地在公园中转圈，炫耀他们的怀旧自行车。周末在弗兰克的表演和摇摆骑客的游行之间，公园是一个充满活力的生动的景象，充满跳舞、社交、音乐和景点。成群的人聚集到球场周围享受这一切。

不能确定拉美裔人是否能从游客自发的事件或公园举办的节目中感受到强烈的地方归属感。但是，可以确定的是，正式和非正式活动有助于维持以及发展社会认同感。事实上，公园管理有助于这方面的发展的不是与用户敌对的关系。公园管理通过健康混合组织的活动和尊重游客用他们自己的空间发起的活动来容纳拉美裔社区，尽管这些空间是暂时的、临时的。通过这些方式，公园管理人员展示他们的知识并尊重游客团体和他们的文化表现形式。

从纽约的全部拉美裔群体来说，对不同需求的拉美裔群体，公园具有不同的意义。一些游客来这儿是因为活跃的气氛和其他拉美裔的存在。这种观点引起一位"新波多黎各人"发表评论说："这里（公园里）的人 90% 以上是拉美裔的……这就是为什么我们在这里。"其他拉美裔人觉得拉美音乐太多并强调拉美裔社区在社区内推广自己的文化特性会丧失多样性。一位游客抱怨"关于音乐表演……他们之前会像 CD101[6] 一样给你选择……他们会演奏不同的音乐比如爵士乐……我想再有这样的音乐。"游客对奥查德海滩拉美裔社区的强势姿态的态度是肯定和矛盾并存的。不管这种反应的范围，对拉美裔社区的评论确认识别都在公园中出现了。这种情绪呼应之前的帐篷前殖民地，其成员尽管并不总是相互一致，有共同的习俗、权利和共同社区认同感的责任。

今天的拉美裔社区的一些成员认为象征性的文化表现形式可以吸引其他人，那些人不一定明确是社区的一部分。一位拉美裔人评论说："当有萨尔萨音乐，它的美丽……它源于我们的文化……它是美丽的，可以看到不同的民族喜欢它。"这样一个独特的文化群体的观点与过去的奥查德海滩的游客群体模式形成了鲜明对比。在过去，白种人群体在公园中经营文化"俱乐部"，排斥非会员。一个人必须出自这些俱乐部，或必须"通过"为一个成员，就像以前提到的浅肤色的意大利裔美国人曾经做过的，为了同奥查德海滩上的德裔美国人交际。拉美裔游客的开放姿态对公园中拉美文化的存在是包容并鼓励多样性的。

当地老年人

虽然公园是以拉美裔人为主导，但其他文化群体也可以享受它。当地老年人包括在淡季奥查德滩独特和明显的团体。在一个秋季的工作日里，一个人可能想要找到一个空荡的公园。然而，奥查德海滩通常由大约 20—25 个老年人组成的引人注意的团体定期游览。许多老年人生活在当地社区，距奥查德海滩只有很短的车程，如佩勒姆景观道路，莫里斯公园，库普市

图 6.5　奥查德海滩的老年人

（Coop City），城市岛和韦斯特切斯特县的部分地区。

　　在过去的 30 年，当地老人居住的布朗克斯街区中人口结构已经改变。曾经主要居住的是意大利裔美国人、德裔美国人、犹太家庭，这些地区的拉美裔人、非洲裔美国人、亚裔美国人居民的比例日益扩大。据纽约时报（Pierre–Pierre 1993，31）人口普查的数据报道，1980 年 77% 的佩勒姆景观道路的居民由白人组成。1990 年该数量下降到了 59%，而拉美裔居民的比例从 1980 年的 13% 上升到 1990 年的 24%；非洲裔美国人的比例从 7% 上升到 12%；亚裔美国人在这几年中从 1% 上升到 3%（Pierre–Pierre 1993，31）。这些社区也和纽约市最古老的居民有关联。1990 年佩勒姆景观道路的 65 岁以上的居民刚刚超过 49%（同上）。

　　一般来说，当地老人会在游客量少的季节和时间来到公园，其中包括在春天清晨，夏季，以及整个秋季和冬季。在一个典型清早，人们可以在公园里看到不同年龄的老年人从事不同的活动。"中间人"，退休年龄的人"仍在努力保持年轻"（尽管一些老年人是指他们的同龄人），会成群出现在手球球场上。其他人则三两一组漫步在长廊或自然小径上。一群"常客"坐在生态中心的折椅上晒太阳。这个小建筑曾经是一个特许看台，现在用来储存设备。有时它用来满足旅游公园的教育团体的需要。该中心是公园中一个没有得到充分利用的资源，老年人暂时拿它作为其领地。

以下现场记录的摘录突出了老年人将自己扎根在生态中心的方式,并利用它作为公园内的一个地点来表达他们的文化认同:

1996 年 11 月 7 日

当我走在 1 区方向的步道上,我发现一面美国国旗插在通往生态中心的栏杆的角落。在夏天的时候,我遇到了一个选民,他就是之前提到的美国国旗的使用者。当时,我不知道他是否夸张了。但现在我知道了。

在国旗后面有一小群成年人坐在野餐桌后面的椅子上。有三个男人和一个女人,都是白人,看起来都到了退休年龄。实际上,那个女人是躺在折叠全身草坪椅上。他们聚在一起聊天,用一个小收音机听爵士乐团的音乐机,收音机正好放在生态中心窗台边上。

这个团体一个有趣的方面是,他们把自己看做一个排外的俱乐部。一个男人邀请采访者去看看里面的"会所",这一名词之后被用于生态中心。在生态中心户外存取的壁橱里,老人们有"厨房"。这里是至少有 20 个杯子挂在墙上的钉子上,还有一个插入式咖啡壶坐在台面上。厨房里有一个小水池并供应咖啡和茶。门前钉着无数的照片,几乎每一寸都覆盖。会员解释说,这些照片上的人是他们过去在奥查德海滩交往的朋友。许多照片似乎在佩勒姆湾拍摄的,而其他的却是在私人住宅内拍摄的。当老年人一个接一个的谈论他们的朋友时,据透露,许多照片中的人都去世了。虽然如此,这些照片还是会被谈到兴奋和美好的回忆。

联想到这些在生态中心的当地老年人已经扩展到公园的其他领域,并超越了公园本身的边界区域。在人少的时间来到这个公园是一种策略,当地老年人利用这个策略实现了他们俱乐部中的会员感。人少的时间让他们拥有公园的临时所有权,从而避免与其他游客冲突。在某种程度上,这一策略可能与伴随衰老过程的脆弱感有关。这也反映了这个特殊的群体的脆弱性,作为从他们的大型文化团体中脱离的小群体。当地老年人由社区成员组成,他们不会从布朗克斯迁移出来,现在已经成为少数文化群体。布朗克斯社区已经改变,但在附近的当地老年人仍然想要保护并维护该区及其公共资源中"他们的"领地的主权。一个老人在表达这份感情时,他说:"这是我们的共同家园……没什么好怕的。"

种族和民族身份在当地老年人的社区意识中起一部分作用。经常和并非请求地,被引入会话的参与者伪装成公园游客种族差异的评论者。一位老年人描述他在人少的时候使用公园有以下态度:"你或多或少都是孤立的……这个种族团体待在一个地方……我不要打扰他们……没人打扰我……为什么自寻烦恼呢?"

当这个主题出现,采访者让受访者讨论他们对公园种族成分的看法。在这种情况下,老年人显示不适。即使当话题转移到那些因为美国的权利结构而受到不公平的待遇的少数族裔时,他们也会用"我们"和"他们"的术语来顾左右而言他。一个老年人评论说:"我认为对于这些人来说,应该免费在这里停车……这些都不是从拉奇蒙特(Larchmont)[7]来的人……他们只是想摆脱和躲避炎热。"所有的参与者都被问到一个如何认同他/她自己的的种族、民族、文化或其他的。老年人通常避免回答这个问题而提供另外的答案,如"这并不会进入它"和"下一个问题是什么？"简而言之，他们回答的与没回答的传达出在和自己不同种族背景的人中保护自我与领土的焦虑。

在某些方面，奥查德海滩的当地老年人和拉美裔游客相似，在某种程度上，是对传统的帐篷殖民地的效仿。像这些团体，当地老年人主动在创造他们自己的空间。美国国旗、音乐、咖啡杯和他们同龄的形象，象征性地表达了对公园强烈的归属感，他们要求一个空间，他们是小规模的，尽管也许是独有的团体。当地的老年人称更多的回忆起帐篷殖民地，所以他们更严重依赖于他们作为一个团体与公园管理的关系。公园管理者和当地老年人之间非正式的临时协议，增加了团体对公园的归属感。一个被访者说："我们热爱一切。这里一年到头都在家。他们知道我们，公园的人民。他们知道我们是谁。我们有旗帜。我们欣赏美国国旗而且我们珍视的旗帜和公园。"要知道公园管理部门"批准"他们使用公园,相信他们是给予"特别"待遇的，加强了管理者和成员之间的关系以及公园用户和公园空间之间的关系。

自然主义者

典型的文化团体被想象为分享相同体验和对于特殊传统、宗教、阶级、性别、性取向或年龄的观点相同的个人的团体。然而，文化团体也可能出现在那些通过在特殊娱乐活动中交流而分享相同经验的人们之中。绿色公园提供了休闲机会，与那些在购物中心、影院、博物馆和其他室内文化事业形成鲜明的对比。因此，绿色空间会产生特定的文化团体，如"自然主义者"，他们是公园游客，主要活动包括散步，探索自然（如步道、海滩、茂密的区域），遛狗，钓鱼以及露营。在广阔的城市环境中，有少数的大部分是资金不足的绿色空间，自然主义者是一种边缘化的文化团体。

奥查德海滩上的自然主义者是有不同文化背景的人。他们代表不同年龄、不同社会经济水平（教育和收入）和出生地，然而钓鱼者是例外。在奥查德海滩，钓鱼者以拉美裔和非洲裔美国人为主。在某些情况下，女性会陪伴钓鱼者，但他们很少从事钓鱼活动。

我们发现自然主义者往往定期到公园来，进行日常的早晨散步并安排时间独处。报告指出钓鱼者按时来公园以满足鱼类移动的需要，尽管有许多人没有带他们的设备去公园，但仍然可以进行其他形式的户外活动。

一般来说，自然主义者是与自然区域发生的变化相协调的游客。他们注重维护公园的细节并能快速评估公园管理部门的回应。一位女士说，"如果一棵树倒在路径上，公园的人会相当迅速地将它清理出去。"其他的自然主义者对公园维护的期望不是很高。他们的观点反映了与公园最初的保护概念有关的观点。一位徒步旅行女士说道，"关于公园一件很好的事是你不需要做的事情太多了。这里是孤立的，很容易走在这里。这里有个路径，并有各种各样的完好的路你可以行走。"这种游客的观点中，公园是巨大的，公园里有许多散步的地方。偶尔倒下的树木和碎片阻挡步道并不影响她享受公园，因为她说她总是能找到另一条道路。其他自然主义者认为他们自己是负责维护公园的。他们主动清除路径，他们会把树叶从自己喜爱的区域清理出去。一些人带来额外的垃圾袋分给其他游客，以保持公园的干净。在许多情况下，这些游客参与这些活动，制造关于保护自然环境的公开政治言论。一些人认为这些活动是他们游览活动的一个普通的方面。

自然主义者的象征性表达与拉美裔人和当地老年人的表达略有不同。自然主义者通常对在景点标示他们存在的方式不感兴趣，如张贴文化旗帜，演奏音乐，或改变自然环境作为一种把公园个人化的方式。事实上，自然主义者通常相信人类不明显的存在和影响是尊重自然最好的"标志"。许多方式是人类学家浏览和反思的对象，当作为一种购物过程，消费者靠什么把个人匿名商品转变成个人销售会（Carrier 1993），自然主义者在海滩上漫步，在森林中游荡，"打猎和聚集活动"是自然主义者适应公园的方式。作为自然主义者，他们日常步行穿过景点，他们通过自己的想象追溯景点。重复观赏景观的过程成为在景观中识别其要素，"理解"他们自己的过程。通过习惯性的行为，自然主义者开始拥有公园并培养看似无形的深层归属感。因此，这种自然主义者归属感的象征性表达在他们对公园的日常和口头表达中是最明显的。

拥有不同背景的自然主义者以相似的方式讨论对公园景观的认同感。对另一种地点和时间的怀旧是许多游客表达的主题。例如，在水边附近的树林中，促使许多拉美裔游客回忆起加勒比海海滨和美洲的其他部分。这些评论附和当地老年人经常提到的景观唤起记忆，这个城市，这个公园，以及他们作为城市文化群体是不同的。

一些自然学主义者把风景看做早期欧洲探险家第一次看到新世界的经历一样。许多评论说公园是"野生"的。它是一个荒凉的地方可以去探索，征服，并定居。一名游客把自己描述为一位寻找宝藏的探险家。事实上，他用盖革计数器挖海滩，筛选沙子寻找游客可能遗落的戒指和其他值钱的小物件。这名游客向研究者解释说他的系统技术覆盖整个海滩，他对景观变化的观察有很多的收获，显然这是一个现代探险者用科学的方法去探索。

另一名游客是非洲前殖民地管理者的女儿，她认为她在用一种类似西方人征服自然的精神在使用公园。她说道：

> 周末我走3英里去野餐。我早上7:00在公园里和一个朋友会面，我们带来面包圈、松饼，并在树林里吃早饭。我们走到猎人岛后面。我们在冬季还会带着杜松子酒和热咖啡。这只狗有一个背包为我们装东西。这个公园在冬季特别美丽。

她描述得很兴奋，并建议公园游客尽可能兴奋，因为她对公园的使用是"超越边界的"。她在人少的时间和季节游览"遥远"的地方，表明她游览公园是一个穿越了虚构的文明和非文明世界之间的界线。另一方面，该游客的观点反映出一个自然的爱默生的崇拜，尤其是她深深地欣赏"纯"美的公园。她讲到由被驯养的动物伴随着，用她的方式完成在"深"的森林中早餐的习惯。

自然主义者典型的表达方式，以及他们想象在景点中他们的空间表明公园管理重要的成就。尽管奥查德海滩最初的概念，曾经强调了保护自然的价值，但随着时间的推移，保持自然的重点转移到组织游憩上，城市游客仍然被美丽的风景吸引，继续提供文化符号，激发创造力和想象力的燃料。在这一点上，公园作为公共空间的范例，在很长一段时间已经吸引了游客的想象。它也是最具代表性的公共空间，跨越公园的两个定义，同时是保护或娱乐场所。在有意无意的方式中，奥查德海滩的管理经验为游客提供了两者。

结论

记录象征性文化表现在很多方面可以帮助园区管理者。首先，公园并非中立空间。他们是社会结构的并且他们有复杂的历史。这个不同文化团体的符号表达的分析反映了公园的当代历史与社会风气。文化团体和他们的符号表达的描述增加了对公园社会生活以及它在过去一段时间是如何改变的理解深度。

第二，不同形式的文化自豪感有不同的表达形式，如旗帜、家庭标志、音乐、要求公园空间的方式，表明了发展和保护项目中使用者的重要联系。在理论上，公共公园的资源可以被所有社会成员使用。然而，城市公共公园并不总是反映一个城市的社会多元化。通常工人阶级、穷人、老人和女性公民和少数民族文化团体感到不安全并且不能融入公共空间。然而，在奥查德海滩上，拉美裔人、当地老年人、自然主义者（三种被边缘化的城市文化团体）已经在公园中创造了他们位置。园区管理者"理解"不同文化的表现形式，作为团体归属感的指示。文化表达的知识可以提醒团队管理者，正在从公园中分离，或正在进入相互冲突的状态。这个知识可以用来发展多样性与平等性，避免文化冲突。它可以帮助管理者估测在放任自由和实施管理中选择更适合的方法。

第三，通过分析符号表达可以清楚地向管理者表明特殊的世界观和游客群体的习惯。理解一个公园的成分在公园相关资源的优先性方面很有用。某些文化表现在公园管理者看来是不切实际的或者不遵守公园规则的。例如，在许多其他游客到达公园之前用绳子围出一大块野餐空间，在森林中饮用酒精饮料，在其他游客中间跳舞并高声播放音乐，可能是管理者头疼的行为。然而，其他文化行为还可能出现的沉默、无形的或如此平凡以至于他们作为无关紧要地被忽视了，例如，自然主义者的惯例和观念。当仔细审视，无形的或普通的文化习俗所揭示的是复杂而显著的，而所谓关注或"有问题"的行为是基于理性文化逻辑的。最终，理解文化习俗和学习阅读成分的符号表达可以提高管理者的游客群体意识，便于资源优先等级的发展。

最后，游客群体的文化知识让管理者和游客两方面都意识到，公园有助于维持城市社会的文化动力。公园提供众多供文化团体用于他们社区持续性的资源。例如，奥查德海滩起着非常重要的作用，为拉美裔人和当地老年人提供了一个"家"，他们往往因为各种原因被边缘化并且在城市中缺乏属于自己的空间。公园有效地完成并维持文化再生过程。因为这个原因，文化群体和他们彼此间的关系的基础知识阐明了城市的文化多样性，这样做强调了公共公园在城市环境中的意义。

注释

1. 雅各布·里斯公园有一个充满活力的中心参观团，但是根据使用数量，公园一年中的大部分时间处于低利用状态。
2. 这 4 个用于统计计算的入口包括对应着 6 号地铁线佩勒姆湾终点的 Bruckner Boulevard and Wilkinson Avenue, Middletown Road and Rice parking lot, and Orchard Beach at the parking lot.
3. 根据由凯瑟琳·斯科特所提供的证明（1993），佩勒姆湾公园有一段在公园内为政府机构提供住宿的漫长历史。在第一次世界大战的一段时间，不仅美国的海军占据着罗德曼之颈和奥查德海滩，而且纽约警察局在 1930—1936

年之间使用罗德曼之颈作为训练基地。在战后直到 1956 年，美国军队使用罗德曼之颈作为一个反航空武器基地，并且从 20 世纪 50 年代到现在 NYPD 已经使用罗德曼之颈作为它的军火和战术设备训练基地。

4. 本章使用笔名以保护参观者的身份。

5. 这个晚会在公园里已经举办很多年了。在我们进行研究之前的几年，晚会典型地在浴室附近一个宽敞空间中召开。但是，在我们研究期间，浴室处于修复之下。公园管理者将弗兰克与他的高个主持人转移到一个不使用的、停掉的球场。这个球场下一步即将得到修复。

6. CD101 是一个在纽约受人欢迎的爵士乐无线电台 。

7. 拉奇蒙特是一个在韦斯特切斯特县地区中产阶级到中上层阶级的居民，大约佩勒姆湾公园以北 5 米。

第七章　国家独立历史公园
——重新体验抹去的历史

引言

抹去的历史

当我（Setha Low）开车从棕榈泉到西洛杉矶，通过场所、机构及文化创建者了解景观，让我想起了个人历史。当行至南加州高速路，我记起了我的学校，童年度暑假的地方，还有我获得第一份工作的地方。我们很难意识到空间接触、连接、联系的肢体感觉，但这在我们的个人心理发育上和家庭种族文化集体的空间一致或文化一致上起到了重要作用（Low and Altman 1992）。

但当你的住所不被标记，或只是个点，当你个人或文化的历史被抹去+——外力使它们从景观中消失的时候发生了什么？奥斯曼男爵的改建巴黎和 19 世纪圣母院周边的建筑迁移都是城市景观中消除工人阶层和贫困人民历史的典型事例（Holleran 1998）。在美国我们有过更微妙的，例如，邦克山（Bunker Hill）前后复合区，住宅街曾在现代派改建的洛杉矶市中心里"丢失"（Loukaitou-Sideris 1995；Loukaitou-Sideris and Dansbury 1995—1996）。费城国家独立历史公园的历史遗迹中已没有关于是谁（非洲裔美国人）[1] 修建这些建筑物，是谁（犹太裔美国人）为革命融资，或是谁（女性 – 母亲，妻子及其她人）养育了军队的记录。历史性的保护规划和发展进程，公园的诠释都将殖民时期重造为一个白人男性的空间。当有人寻找关于殖民时期少数民族人民历史的时候，这些丢失的建筑和物理环境也都不见了。

不管怎么样，费城的非洲裔美国人一直为挽救他们的历史斗争着，通过有利的研究，建立存档和劳动以保证他们贯穿城市的历史和重要的文化地点留下痕迹。纽约的非洲裔美国人社区成功争取到了联邦政府对非洲黑人墓地的索赔，同时要求对其纪念和保护，但涉及保护他们的政治遗产就不那么成功了，如奥特朋舞厅内部损毁的事例，就是马尔科姆·艾克斯（Malcolm X）中枪的地方。然而，即使历史被抹去，他们会被重新找寻发现以至于能够在城市当代的结构中有所体现。

这一章体现了合作研究项目的结果，这个项目揭开了居住在费城多种族被抹去的历史，以及通过快速人种志研究方法（REAP）对国家独立公园的研究重新获取了这些历史。它讲述这么个故事，随着时间的推移，公园的规划和设计无意识地分裂了相邻社区的文化连接，也排除了新的移民群体。REAP的运用阐明了基本进程的理解引发了这种分裂和排除。

在接下来的部分里，我们要回顾方法学以及讨论从各式各样定性方法中得到的这些发现。这章的结论部分，我们指出这种研究的重要性，即对设计和规划空间连接及其少数民族文化认同的理解。我们提供的事例可作为典型研究，是研究早期历史保护和城市重建中消逝历史的再现。进一步讲，在任何多样文化背景下，我们认为历史之间关系的理解，文化的体现，及公园使用都对设计和规划的成功起到关键作用。

有关于我们使用术语的记录。人类学家一直在争论种族和文化的类别问题。族群是个难以捉摸的字眼，有着不同的意义。比如，提供消息者可用作身份确认（"我是犹太民族的"，或"我是意大利裔美国人"），也可用作分析的类别（"提供消息者看上去好像是亚裔美国人或非洲裔美国人"）。文化也同样难以使用。文化可定义为一个种族的传统及活动，也可以指一种重要的人类学分析类别。而且，种族、文化会随国籍及其他的政治结构共变。这章我们把种族群体和文化群体互换使用，暂且不理会二者间的多重历史关系。文化群体更适合来反映传统和历史。另一方面，意大利裔美国人和波多黎各人被看做是种族群体，这是就族群特点被通俗地理解为遗产或移民群体在美国的社会地位而言的。

151 方法论

1994年国家独立历史公园开始发展整体管理计划，这项计划会阐明基本的管理哲学，也会提供关于接下来10—15年选址议题及目标的战略。规划的过程包含大量的公共参与，其中有一系列的公共会议，电视城镇会议，社区观光和规划中的商店。超出社区作用的部分，公园想与当地社团合作，以寻求阐述在这些体现美国人经历的公园里，他们多样的文化遗产的方法。我们设计的人种志研究提供了相关公园的文化群体的大致概况，包括分析他们的顾虑，以及多样群体对文化资源和自然资源使用和/或意义的认同。

文化团体和邻域

相关公园团体包括非洲裔美国人、美国犹太人和意大利裔美国人，这些人的祖先居住的区域被认为是最初的团体。这些团体有所选择是因为地区对他们有特殊的重要性。其他的文化团体，如亚裔美国人和说西班牙语的美国人也被包含在内，是因为他们把公园土地用作礼仪和消遣的目的，自身成为快速发展的团体，接着团体也受到国家独立历史公园提议改变的影响。

四个当地"种族"邻域被用作研究——非洲裔美国人的萨瑟克（Southwark），亚裔美国人的小西贡（Little Saigon），意大利裔美国人的意大利集市和说西班牙语的美国人的诺里斯广场（Norris Square）——基于以下的标准：1）他们距离公园都在可步行范围之内；2）都拥有可见的空间和社会完整体系；3）有文化意义的商店、饭店、宗教组织和社会服务，这些都适用于居民，也加强了他们的文化认同感。我们选择的越南裔美国人社区体现了亚裔美国人的文化团体，因为它接近公园，还有近来人口增长的关系。

我们试图跨越等级了解这些邻近街区。在某些地方是不可能实现的，比如说，在萨瑟克的非洲裔美国人中，我们指向教会——邻近公园的协会山（Society Hill）里的母亲圣地（Mother Bethel）和萨瑟克的拿撒勒浸信会教堂（Nazareth Baptist Church）——以此获得没有在萨瑟克项目中体现的等级多样化。犹太社区不同于市中心的空间立体社区，因此，我们决定视协会山的保守和正统犹太教堂为兴趣社区，而非自然的整体区域。

152

快速人种志评定程序方法

从 REAP 方法学中选择了一些方法收集信息，这些信息来源多种多样，整合后可以为场所提供综合分析。行为图集记录了人们及其在公园内平日及周末白天和傍晚的活动。引导步行路路过场所时，横切步行路（Transect walks）记录了具有识别性的团体描述和评论的内容。个人访谈基于研究的问题，有西班牙语、英语或越南语。从萨瑟克地区，母亲圣地和拿撒勒浸信会教堂会众收集了非洲裔美国人社区的共 19 个访谈。在波多黎各检阅日，国家独立历史公园里，从说西班牙语的美国人（大多是波多黎各裔）选出了 17 个访谈。从参加协会山教堂的美国犹太人中选择了 7 个个人访谈。从居住在小西贡的越南裔美国人和费城南部越南裔美国人的天主教会成员中选择了 9 个访谈。意大利裔美国人的 19 个访谈的大多数是选自意大利集市周边邻里的天主教。

专业访谈选取个人的有宗教领导人、地方历史学家、历史保护专家和导游，这些人被看做是拥有特殊的专业知识技能，能够评论国家独立历史公园的文化重要性。我们从地方社区选择了 9 个专业访谈：3 个来自非洲裔美国人社区，1 个是亚裔美国人社区，1 个是说西班牙语的美国人社区，2 个来自意大利裔美国人社区，1 个来自美国犹太人社区。还有 1 个就是擅长费城邻里的民俗学者参与了访谈，及一些地方专家非正式的商议。

5—13 人构成的抽样群体是由相邻街区主要的宗教机构建立起来的——基督教堂和犹太教堂——同时也有活跃的社区组织，像亚裔美国人联合团体和曼陀罗团体。每个研究者都有杂志专栏以记录下公园里每天的情景。历史和档案工作的收集贯穿研究的各个阶段，还包括新闻剪报，地方杂志的文章和另外的媒体素材。

153

通过编译访谈中的回答，对资料进行组织，然后分析文化/种族团体和研究问题。横切步行路、观光和访谈过去习惯被制作出各个团体的文化资源图集。一个草图记录下了现有场所的状态。抽样群体使我们可以确定社区文化的范围，也确认了社区团体内部的冲突和不一致。联合映射（combination of mapping）、横切步行路、个人和专业的访谈、抽样群体的结合，让我们看到了有对比差异的独立信息。如在人种志的研究里，访谈、观察、笔记，还有文化团体和地方政治的知识习惯用来解释收集的资料。表 7.1 总结了一些方法，资料采集，资料采集的时间框架，这些都是从每种方法中学到的。

费城的一个国家历史公园的创意来源于 1935 年联邦历史场所法案，这个法案授予国家公园服务机构从事研究、教育和服务的项目，也保护维护公共使用的历史建筑及场所。20 世纪 40 年代末期，国会产生出费城国家圣地公园委员会，规划了国家独立历史公园，公共请愿费城地区法庭的埃德温·O·刘易斯（Edwin O. Lewis）法官被选出领导此计划。规划和场所的取得开始于 40 年代末；拆除、场所准备及构建贯穿于 50 年代。

1951 年元旦，独立纪念馆的监管权由费城转至国家公园服务机构。独立广场地区是宾夕法尼亚州联邦的项目，同时独立广场和第二大街之间的街区由独立公园服务机构刚开始进行。规划在 50 年代一直持续，是由经常与社区和政治领导人会面的 NPS 委派的一个工作组实行。刚开始，有一些集中对历史保护的不同方法的议题，工作组就要面临这些分歧性的规划议题。

是否进行规则式的布局是双方的重要分歧，规则式布局是指将历史的框架结构联系到规划中心的轴线上，不规则式是指复制这些具有历史风格内街小径和次级道路，在费城大的广场和街区中它们也在随着时间不断演化。刘易斯法官，规则式布局中心轴概念的倡导者，对独立纪念馆广场北部有自己的道路，但是在专业独立公园服务机构东方街区舍弃了路，这东方街区由查尔斯·彼得森（Charles Peterson）领导，他更喜好立体空间结构，来自通道的历史公共空间。

国家独立历史公园：方法、数据、期限、工作和启示　　　　表 7.1

方法	数据	期限	工作	启示
行为映射	地点的时间 / 空间地图，现场记录	2 天	描述现场的日常活动	区分现场的文化活动
抽样调查	抄录访谈记录和顾问的场所地图，现场记录	6 天	以社区成员的观点描述该场所	社区中心对该场所理解，当地的意义，识别宗教地区
个人访谈	问卷，现场记录	12 天	描述文化团体的回应	社区对公园的回应和兴趣
专家访谈	深入访谈记录	10 天	描述当地机构和社区领导的回应	社区领导对公园规划过程的兴趣
正式的 / 非正式的讨论；参与观察	现场记录，调查表	20 天	描述保护的环境和历史；描述公园的需求	为研究和识别 NPS 以及社区关注提供环境
历史文献	剪报，现场记录，收集书籍和文章，阅读记录	7 天	公园与周围社区关系的历史	为现有的研究和规划项目提供历史环境
焦点小组	现场记录，录像或录音记录	6 天	记录小组讨论时出现的争议	使价值取向类型的方法的发展成为可能

第二个主要的分歧集中在应该迁移多少现有的城市构造，以创造出与美国独立相联系的 18 世纪的建筑背景。独立广场的东部和北部街区建起密集的花岗石，大理石及赤褐色砂石商业建筑，根据熟知的美国城市大量典型细分的惯例，这些建筑建于不同时期，拥有不同高度和不同建筑表面。到 20 世纪 50 年代，任何地方的这种建筑大部分都有 40—100 年的历史，主体建于 1860—1890 年间。20 世纪 50 年代贫民区的清除和城市的重建，代表政府、公民、商界利益的刘易斯法官等人，把这些建筑物中的街区看做是降低和威胁城市中心持续繁荣的象征。

另一方面，彼得森与其他建筑师和历史学家提倡以一种建筑的灵活方式去重建，即清除 19 世纪的大部分建筑，留下完整无损的更卓越的建筑——在他们的建筑和 19 世纪中晚期与地区相关的费城银行和金融中心两方面都引人注目。比如说，担保大楼（The Guaranty Building），它屹立在木匠厅（Carpenters' Hall）附近的切斯纳特街（Chestnut Street），是 19 世纪末期重要的银行，由天才建筑师弗兰克·弗内斯（Frank Furness）设计。但是，彼得森未能说服作决定保护这些公园领域内19世纪的建筑物。最终，公园规划者坚持以殖民威廉斯堡为例的历史保护哲学，创造了一个没有漏洞的、独一无二的历史时期——或者按照埃达·路易斯·赫克斯塔布尔（Ada Louise Huxtable）的指责（1997），是一个"不真实"的场所描述的说法。

历史公园项目成为花费很大努力重建中心城市费城的一部分，城市规划者埃德蒙·培根（Edmund Bacon）构想了议程，并得到迪尔沃思（Dilworth）和克拉克（Clark）市长的政府支付。其中成果的一个焦点是协会山，这个社区是第8街和切斯纳特南街的一个区域，与新的国家公园毗邻。这个名字来自18世纪商人自由社区，此团体从威廉·佩恩（William Penn）那里购买了河溪码头周围的土地，这个地区就开始作为一个富有的可定居街区（Warner 1968）。可是到了20世纪初，这个地区不再富有，其名字"协会山"也随之淡忘。此街区，邻近华盛顿大道德拉瓦（Delaware）的费城移民中心，已经成为多种族人口的家园，其中包括非洲裔美国人［这个地区，尽管多种族，但还是非洲裔美国人移居地的一部分，这是由19世纪90年代杜波依斯（W.E.B. Du Bois）研究的］、东欧的犹太人、意大利人、波兰人、爱尔兰人和乌克兰人。到20世纪40年代，此区域非洲裔美国人更多，也变得更贫穷，尽管其他种族的人口小区域仍然存在。

因为这个邻近街区接近规划中的公园区域和市中心，此处有许多高质量的建筑群，城市把国家公园规划过程看做是一次机会，是能恢复邻近街区作为它殖民时期高档定居区的地位的机会。在1947年城市规划委员会之前，E·培根就主张切斯纳特南街到朗伯德街（Lombard Street）的整个区域包含在国家公园里（Greiff 1987, 52）。后来决定应与国家公园服务机构合作，城市继续地区的恢复工作；最后和城市规划委员会一道，发展过程包括了旧费城发展公司（一个私立的，支持重建恢复的团体）和费城重建当局政府。

最初协会山的全部地区指定为重建地区。根据规划权威方采取的精确历史保护指导方针，原有住房者可恢复他们的房产，他们也可把住房卖给负责重建的当局政府。几乎没有人能承受历史重建工作的昂贵开销，大部分人都出售了。接下来政府就把这些房产以象征性的价格卖给能证明自己有资金实力重建的买主们。银行、房地产团体、新闻媒体与城市合作，创造了重建地区的有利形象，由此创造出一个富足的市场，大部分是白人买主。于是，超过大约15年的时间，大多数长久贫穷的，混杂的社区团体被驱散，取而代之的是新的以白人专家为主导的团体。在朱金（Zukin）（1991）和史密斯（Smith）（1996）关于纽约和其他东部沿海城市差异发展的政治经济分析中，住宅高档化的过程有所记载。在这些讨论中，协会山地区的发展成为城市中心要转变成重建富裕观光场所的典型。

通过同时改造独立广场东侧面至国家历史公园的第2街间的街区，国家公园管理局加速了住宅高档化的进程。同时，州政府获得了独立纪念馆北部三个街区的广场的全部房产。最后，刘易斯法官喜好的中轴设计没有留下预先的城市结构痕迹：迁移所有的内部街区的小径以及拆毁建筑物。

包含在创造独立国家历史公园的社会与物质突变促进地方团体间的沟通。外部的拆除迁移了许多有关生活，娱乐和工作的环境，这些背景环境对当地团体的成员都是有意义的。国家公园成为一个新的、人为创造的环境，在那里城市民族历史的大多标志——19世纪和20世纪早期的历史——都被仔细地擦除了。尤其是，根除公园周边历史性的非洲裔美国人社区遗留下的问题，影响了公园和社区间建立牢固的关系。

现在公园所吸引的游客中少有当地费城人。除了特殊事件外，如波多黎各游行日，会吸引大量的说西班牙语的人群，或是在一个充满阳光的日子，午餐时间，附近大楼的上班族在广场上吃饭，公园作为娱乐资源而未被充分利用。一些接受访谈的说西班牙语的美国人说他们参观公园是看花或散步。但在大部分工作日，公园空空的，直到观光巴士带来充满生机的老人、学校群体和外国游客。

调查结果

非洲裔美国人

萨瑟克社区，位于邻近国家独立历史公园的南边界，这里是个混合着多种族和多样文化，包含砖排房和公共高楼的低中收入者居住区。大多数非洲裔美国人核心群体的地理分界大致从第3和第5街间的皇后街到华盛顿大道。核心地区是以上提到的历史地区中非洲裔美国人社区的残留区，其中一个少数存留的整合居住区域在非洲裔美国人社区控制下保留了下来。因为萨瑟克项目的大多数常驻居民是低收入者，我们选择了协会山的母亲圣地作为第二个访谈的场所。

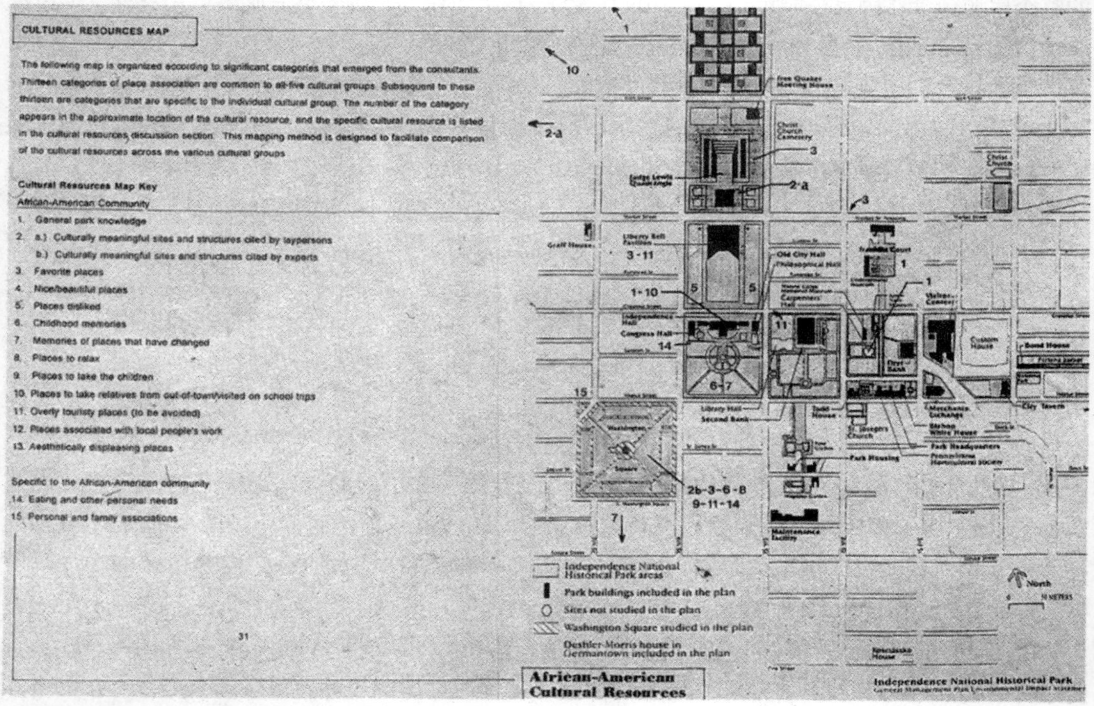

图 7.1　非洲裔美国人的文化资源（参见彩色插图）

大多数被访谈者从实际的考察中得到公园的知识和公园联盟。举例来说，两个年长的妇人评论说，许多年前他们曾带自己的孩子来过公园。另外，一些被访谈者声称他们多年前曾参观过公园，但现在他们只是"太忙了"。一个被访谈者说他已经两三年没参观过公园了，但"景色很美，我以前经常在华盛顿广场散步和阅读，我也去过母亲圣地的服务地。"

其他的被访谈者更消极些；一个人声称，"我没去过〔公园〕因为它和我没什么关系……它没有展现出黑人的历史或文化，它也没有代表我们，我们帮助建设了这个地区。"一位中年妇女说，"他们必须提供更多的东西吸引我们去。虽然步行就可以去，但我不会去这个公园。他们需要提供优惠券或者别的东西吸引我们。我去邻近街区的一个公园。"

意义和象征

觉得公园有意义的那些顾问，他们中的大多数认为公园是历史和文化的象征。一个妇女指出："是的，它是历史……教授历史的一部分。一些人一辈子都住在那里，但也没参观过。这有相当多的历史不为人知……黑人历史。"关于查尔斯·布洛克森（Charles Blockson），当地历史学家的访谈，更是强调了这点。他的研究揭示出，这个地区现在是独立公园，但在最初的结构中，一群自由的和被奴役的非洲裔美国人居住在费城里。他觉得非洲裔美国人应该与公园有紧密的文化联系，因为它的结构渗透着非洲裔美国人的参与："非洲裔美国人在公园初期就被牵涉进来……尽管我们被看做是3/5个人，大多数中的他们，奴隶劳动者以及自由非洲裔美国人——木匠、工人——帮助建设，创造了独立纪念馆。我们必须告知他们的历史。"（Blockson 1992）

另外的非洲裔美国人顾问觉得公园的意义是在自由之钟和大陆会议，或是在此的经历。母亲圣地教堂的利思牧师（Pastor Leath）说他乘坐四轮马车但一直没机会参观整个公园。他说他没去过怀特大主教（Bishop White）的家："怀特主教对建设母亲圣地有帮助。对公园重要的是……公园就是个公园。它融合进了社区。"华盛顿广场，是非洲裔美国人原来的墓地，而后作为聚会场所，有些时候暗指"邦戈公园"，对当地居民有意义，但这个时期，它不被纪念，也没有正式包括在公园里（图7.1）。

159

可是，很多非洲裔美国人顾问说公园对他们并无特殊的意义，或是认为有消极的意义，资源没有帮助地方社区，而是用作在公园上。一位年长的妇女说，"没有特殊的感觉……我没有说谎……当孩子还小的时候〔它是重要的〕。"一位中年妇女指出："没有特殊的感觉……钟是破裂的……去看什么……它是裂的……我们都知道了。"一位年轻的女人说道，

> 自由之钟，我不在乎。我们丝毫没有受益……它对人们没有益处，我们没有钱。当一些东西需要修理的时候，他们下来询问起它，修理倒塌的东西如何？公园为人民什么也没做。镇的这一部分是孤立的。地图上这并不是个场所……过去我带我的孩子们去宾州陆地，我们研究地图。我们现在不在地图上。这个地方不是地方了。

一位男士评论到这个地区没有意义是因为"这是游客的地方。它是白人的区域，目的是让白人看钟。它对非洲裔美国人参观不重要，它不是为非洲裔美国人的。"他又说，"公园体现黑人唯一的事情是墨水的使用。"另外一个顾问说，"对非洲裔美国人说它不重要，这也是

为什么没有非洲裔美国人来参观的原因。"第三个被访者陈述到,"去那里的多数人是看他们自己的人。这是白人的展示平台。"

文化表征

总体一致意见是公园不能充分表现出非洲裔美国人。此外,来自男士和女士的回应(个人,抽样团体的成员,以及专家顾问)集中在公园多样化的缺失,这不单指非洲裔美国人,还有其他文化团体。大多数咨询的非洲裔美国人知道公园和他们的历史是相联系的,但他们不知道是什么。集中团体的一位女士说"在这你看不到太多的非洲裔美国人,只是那些在这里工作的,或是外聘的非洲裔美国人。"

没有文化体现的非洲裔美国人的感受看起来也有很长的历史。抽样团体组的一位女士说过去"不是每个人都受欢迎的,不是每个人都允许进入公园的。现在不同了,〔但当时〕我们的一些孩子不允许进入公园。他们知道他们住在邻近地区错误的一边上,他们不能进去……他们不能在那儿野餐。我们不去。"抽样群体的领导问到过,"这是否有特殊的东西让你感觉你不能去?"女士回答说:"没有,实际上没有。你只是知道你不被允许。即使你在那儿,你不会有合适的理由。"就算在今天,母亲圣地的利思牧师承认"公园没有出示明确的信息,多样化没有显示出来。一个人穿过公园也不知道这有殖民时期费城非洲裔美国人的历史。"拿撒勒浸信会教堂的抽样群体的成员曾就不同的文化需求要"抓住"个性发表意见:"不同的文化有不同的重点,孩子们也要有所掌握。"讲话人觉得对有联系的人来说,公园没有显现出可靠稳定的特性。一位女士补充说:"一个亚裔的孩子知道皇帝是谁……他们知道但我们的孩子不知道……许多都丢失了……但一部分是我们的过错,我觉得。"

许多参加抽样团体的个人希望公园与他们的文化历史有更多的联系。而另一些成员认为文化历史开始与"这有教堂和委员会……作为非洲裔美国人教堂是我们的根源。"另外一个人说,"教堂以前是人们坚持前进的唯一平台。"但多数觉得公园与文化相关的人同意一个被访者的话,"每个孩子都应当学习我们是怎么样获得自由的",对公园下达的命令就是使殖民历史与非洲裔美国人相联系起来。

参与商量的大多数非洲裔美国人没有使自由之钟与文化联系起来。但是,专家学者查尔斯·布劳克森(1992)揭示出先前的废奴运动成员与其文化相联系。一系列的书籍题名《自由之钟:自由的朋友》,由针对自由之钟的废奴主义者们写于1839—1859年,系列丛书将自由之钟置于封面上。

亚裔美国人

收集亚裔美国人社区的信息来自小西贡和费城南(Little Saigon and South Philadelphia)。小西贡坐落于国家独立历史公园南部的八个街区,沿着克里斯琴街和华盛顿大道间的第8街。其他小型的分散的亚裔在小西贡和位于第17和莫里斯街的圣托马斯·阿奎那教堂(Saint Thomas Aquinas Church)间被发现。最后,广阔的横切步行路开辟出来,它贯穿与公园临近的唐人街附近街区。

游客使用

自由之钟和独立大楼是参观的早期场所。被访者指出参观只发生在某些特殊的场合,比

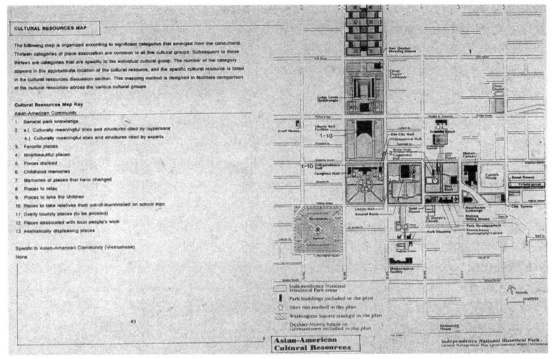

图 7.2 　亚裔美国人的文化资源（参见彩色插图）

如带领游客出市中心观光，或是与男女朋友的约会。没人提到会经常去公园。很多人说很少见费城社区的亚裔美国人出现在公园里。

意义和象征

总体来看，成年人认为公园对城市来说是个干净的，有条理的，安全的，安静的和重要的地方。一些人觉得从小西贡去参观公园太远了。年轻人认为公园"无聊"，也太"事务性"。青年人也抱怨在证交所或是附近的邻近街区都没有可负担得起的食品摊位。

尽管对许多人来说，自由之钟——尤其他的裂缝——象征着自由和权力的斗争。这个"破钟"被看做是证实这些斗争的紧张度，也证实找到决议的时间；体现"真实"性的斗争不该被隐藏。顾问指出这些诠释应该归结于越南人和中国人、法国人长期历史的斗争，最近，是南越与北越的斗争。钟的裂痕看起来尤其让人悲痛，因为顾问们说在越南，他们不会给予这有瑕疵的铁制品荣耀。也有些意见认为制造此钟的欧洲人尽管从中国的冶金技术上受益，但不会掌握"诀窍"。于是，当今自由之钟破裂了。

文化表征

越南裔美国人没有必要期待公园的结构、展览或观光展现他们的文化。但是，顾问觉察得到他们的文化和历史展现出来，正如之前的讨论，钟的象征意义。这些顾问，描述他们的社区成员是"教育的渴望者"，使独立纪念馆和整个公园的教育任务与越南裔美国人社区对教育的高度重视和知识的追求联系起来，就像他们对老师的尊敬。

有些成年避难者认为文化表征的概念传达了这样的信息，有些人集中关注越南裔身份的重要性和文化的重要性的不同，但并没有脱离美国文化。一个社区的领导人讲，"我想要维护美国人文化和越南人文化好的一面……我想建造个避难所……我想成为个好人。"年轻点的顾问说许多移民因为他们跨国的关系，职责和志向有冲突的感觉。他们也认为目的和越南移民的目标间有显著的代沟。学习英语被看做是年长和年轻的顾问在美国的首要机遇；尽管保持文化联系被年老和年轻的双方团体看做是重要的，但保留越南语对年长的被访者更要重要。

总体来说，被访者觉得文化纪念活动表达了他们重要的价值观和风俗习惯。越南新年，尤其是传达了受人尊重的家庭、友谊、老师和祖先的重要性。纪念活动对受文化教育的孩子尤为重要，同时对那些主要负责抚养年轻人，要感谢的长辈们有重要作用。顾问们觉得新年的庆祝仪式是个大事件，国家公园服务机构可能将此并入他们的项目中去，把它作为纪念多样文化努力成果的一部分。

163

相反，唐人街的顾问觉得认为人们懂得亚裔美国人对整体经济和费城发展起到的作用很重要。墙壁上的抗议口号是"我们的祖先修建铁路但从没想过能这么远！"这讽刺暗指了国家发展进程中的社区历史参与性，与唐人街成员受到的不公平形成对照，也作为费城铁路发展的结果（这个口号尤其指唐人街里铁路通勤隧道的侵占）。唐人街成员生气的是没有认可他们对城市的贡献和对旅游经济的重要作用。顾问争论说唐人街的亚裔美国人社区组成了重要的文化社区，它帮助提升了城市旅游业，但并无受益，或是从城市得到发展赞助。社区成员义愤是因为许多混乱的低收入家庭，这是由闹区下层住宅高档化项目引起的。

说西班牙语的美国人

资料收集是来源于说西班牙语的美国人社区，此社区来自波多黎各游行日当天公园实施的访谈，和来自诺里斯广场临近街项目的抽样团体。"说西班牙语的美国人"的使用看做是一

164

个包括全部讲西班牙语人的类别。在费城大多数讲西班牙语的人最早来自波多黎各。

游客使用

一些被访者上班途中都会经过公园，和公园有日常的接触，夏日里坐在长椅上吃午饭，以及在独立广场会见朋友或是生意交易（图7.3）。另外一些人通过经常与学校团体一起参观公园，下午带孩子游玩，以及带领外地游客参观公园，对历史场所更为熟悉。一位男士描述他第一次参观公园可看做他表兄欢迎他来费城的旅程仪式，这里像是他的新"家"。还有一部分被访者把公园当做与家人，或是男女朋友一起来的地方。许多访谈者说他们每年都会来公园参加波多黎各游行日，而另外一些人说他们从没去过公园，因为公园是"对游客（外地）而言的博物馆。"

意义和象征

许多被访者认为这个公园是个休息放松的场所，有美丽的鲜花，友好的公园管理员和严密的保安。为保持"旧费城"原貌，"木质"长椅、砌砖式的步行道，还有喷泉都得以称赞。这是个让家庭感到团结的地方。一个人曾说城市里像公园这样的建筑和设计整合性是很重要的。不少人提出他们喜爱人们穿着殖民时的服装。有一个被访者声称当她进到独立宣言签署的那个地方时，她起了鸡皮疙瘩。其他人对公园的反应都是过于"严肃"。公园有个问题就是："贵格会的

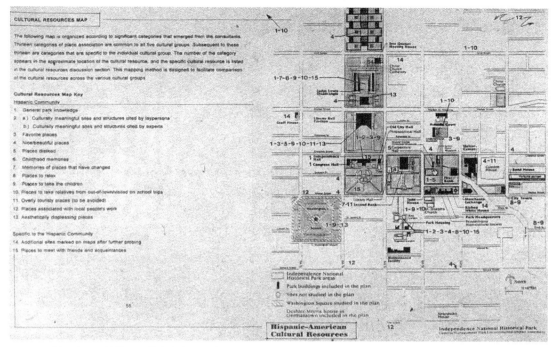

图 7.3 说西班牙语的美国人的文化资源（参见彩色插图）

历史是暗淡无趣的历史。"自由之钟看起来好像不"年轻－友好"。其中一个被访者说，"公园是旅游的地方，它不是不和睦，也不是不吸引人。"

少数顾问说他们相信在美国历史上，这个公园是个重要的场所。对某些顾问来说，公园代表了争取自由的权利，斗争和"勇敢和骄傲"的开国者的牺牲。有人评论说自由的主旨是重要的，因为"我们有时认为自由是理所当然的事。"

"如果不是独立宣言，"一位年长的被访者说，"那么我们仍受英国控制。"一部分说西班牙语的美国人将自由之钟的象征意义和拉美国家为自由进行的殖民战争联系起来。其他人声称自由的主旨尤其不是波多黎各主旨。一位男士又补充说，"很多人不把我们看做是美国公民，只是参与进国家里……我看不到我们的群体和公园的联系。我只是看到风景背后的人们……我想我们看不到发生了什么。"

165

文化表征

很多的被访者承认波多黎各游行日是波多黎各文化的体现。一个人说，"如果你是波多黎各人，你不知道这个游行，那么你就不是波多黎各人。游行已渗透血液里！"但是，众多批评说游行混合的信息向波多黎各人传达了他们的传统，向费城人传达了波多黎各。少数顾问尤其是对游行表现出的文化真实性不满。他们争论说参与某些群体在波多黎各历史上起不到作用。有些人看到为最后的游行，更好利用公园场所的需求。他们评论说这里太分散了。比如说，公园或许可以在游行过后，在文化展览周围召集人们。另外一些被访者把游行看做是白人和说西班牙语的人两大团体能在协会山区域会见的唯一时刻。仍有诺利斯广场的代表们感觉波多黎各纪念活动不应集中在波多黎各人不居住的临近街区里。

　　一些被访者相信如果自主和自由是公园的主要信息，那么公园管理者应当处理有关所有社区团体纷争的议题。一个男士曾说，"我们应当被公平对待；仅仅因为我们是波多黎各人或是黑人的事实不应意味任何事。这个不该给其他的团体提供专门的场所和优惠。"当然对立方说："我们看到了他们文化的展览；他们也应该看到我们的。"最终，一些波多黎各人怀疑公园是否有管理和预算能力传达任何新的信息。

意大利裔美国人

　　我们集中研究意大利市场周围的意大利裔美国人的历史邻近街区，这个意大利市场沿着南第 9 街扩展，在班布里奇街北（Bainbridge Street），联邦街南。这个市场的任何一边的区域，第 6 至第 11 街之间，都持续有大量的意大利裔美国人口，但近些年随着越南移民的到来，这里不单单再是意大利裔美国人的大本营了。

　　游客使用

　　许多顾问强调说他们从没去过国家独立历史公园或只是在孩提时代去过。一位 70 岁的老人说，"我还是小孩的时候住在这里。"另一个补充说，"我年轻的时候经常来，现在再也没去过。"一些人提到了危险——"镇上不再那么安全"；"在那儿我差点被抢劫"——尽管有些人不是特地去参观公园，但他们有时候仍会旅行。其他人说他们是拜访那边的亲戚。一位退休男士

166

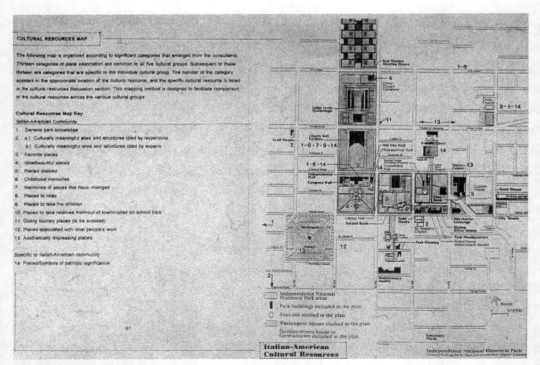

图 7.4　意大利裔美国人的文化资源（参见彩色插图）

说有次在临近街区的时候，想参观自由之钟，但因为人多最后没能实现。一位 19 岁的女士解释她为什么去公园："我喜欢这里的风景，这是一个思考的好地方。"三位女士曾在临近街区工作过。一位 27 岁的女士认为城镇其他地方更有意思："总体来说，这没什么吸引我的。我感觉费城的历史不是那样的……我对城市中心的上层历史更感兴趣，而不是殖民地的。"

意义和象征

横切步行者（transect walker）对公园的场所有个人联系。众多场所对她有意义（a）木匠厅，这里成员像中世纪的行会，"强烈感觉到他们强迫集合的社区需要的是什么"；（b）广场东的旧城、艺术家和美术馆："积极，思考的人们……对文化的维持是极为重要的，但对国家的自由的维持也非常重要"；（c）河溪码头周围的公共场所，对她来说是"象征殖民城市的空间感"；（d）"邀请通道"创造公园的那部分"直接可见的联系能够象征性的联合"；（e）基督教堂，她坐在华盛顿教堂的条凳式座位上能够"认识到那些人曾生活在……他们是人，他们也会担心他们做得如何，他们也要向上帝祈祷并寻求帮助"；（f）这个广场，被她称作是个"自由的纪念碑"。

其他的被访者引用了非立体空间的意义：抽样团体成员引用独立宣言和宪法，创造移民环境，社区建立，以及他们祖先的繁荣。一位在帕特牛排店的男士，这是在南费城有名的快餐场所和抽样团体的一些人知道宣言的意大利裔美国人签署者，是威廉·帕克。

文化表征

抽样团体成员引用的音乐，艺术和"劳动者艺术"——不是石匠和专匠，他们是"自己权利的艺术家"——看做是重要的文化特征。他们也认为鲍尔奇学院（Balch Institute）有能力描述移民团体的历史，尤其是意大利裔人的。他们建议公园和学院相互合作，说，"你们没有必要白费力气做重复工作。"横切步行者认为公园应当继续专注于 1776—1800 年时期。一位女士喜欢在游客中心获得种族群体的资料。也有一位女士说，"公园应当属于每个人。这有太多的国籍〔强调那些个体〕。"服务台的工作人员同意："那样会导致问题——所有的事混在了一起。如果你有太多的个别，也会使有些人不愉快。"四位退休人员在帕特牛排店打发时间，突然认同起意大利裔美国人的食物："椒盐卷饼，意大利冰糕，英雄三明治，比萨，牛排上的苹果——他们在周围都出售这些。人人都吃意大利食物。"

除了横切步行者，没有顾问认为公园和他们相关。抽样团体的一位男士相信意大利裔美国人在他们的社区比其他文化团体更集中，也相信他们和美国政府和经济机构"分离"。对他们而言，国家独立历史公园是白人盎格鲁-撒克逊新教徒（WASP—— white Anglo-Saxon Protestant）上层社会的故事，和意大利裔美国人天主教经历相差甚远。

犹太裔美国人

南街和街的任意一边，云杉（Spruce）街和凯瑟琳（Catharine）街间，大约从前锋（Front）街西至第 8 街间，这些最初是 1880—1920 年间东欧犹太人移民定居的地方。1910 年这个地方成为犹太人的主导地，有大量的犹太教堂。现在云杉街协会山区的犹太教堂是巴普蒂斯特教堂，直到 1910 年罗马尼亚裔美国人希伯来会众，一个主要的城市中心正统的会众得到这个建筑。罗马尼亚裔美国人犹太教堂直到 1966 年还存在着，这段时间大量的犹太人口搬出了城市中心。随着越来越

167

168

多的同化和繁荣，犹太裔美国人迁移出贫民区，渐渐向北方去，首先去北费城，近些年更多地去东北部和北部郊区，像埃尔金公园。1967 年先前协会山犹太教堂得到了先前罗马尼亚裔美国人圣所，是相对富裕的犹太人形成新的会众，这些人当中很多参与了协会山的重建及随之的进程。

游客使用

一位女士回忆当自由之钟在独立纪念馆里时，她能够触摸钟也喜欢它表面光滑的感觉。太多小朋友手的触摸使它发亮。她认为参观这个钟比较好，因为有实地经历。现在，钟是在"笼子"里。另一位居住在这个地方并经常散步的女士认为华盛顿广场和独立广场的不同——后者，她说，这里是"华盛顿广场人数的十倍，人们都说外语"。

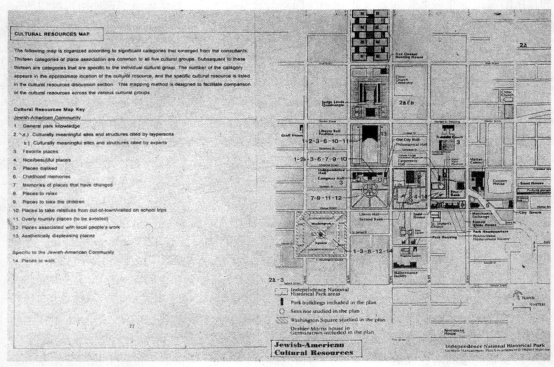

图 7.5　犹太裔美国人的文化资源（参见彩色插图）

意义和象征

说自由之钟是犹太裔美国人的象征，这是因为它的题词，"宣称自由遍布各地……"这句话出自希伯来经文中《利未记》。横切步行者，抽样群体参与者，法学博士，以及个体访谈的两个人都提到了这个。一位抽样群体参与者说自由之钟象征"自由的全部概念——不成为奴隶，激发殖民者的全部想法，从黑暗到光明，从流放到赎回——那就是我们宗教的一部分！"

横切步行者指出独立宣言里的想法——尤其是人人生来平等——是"犹太人给美国的礼物"。她说爱尔兰历史学家约翰·莱基（John Lecky）写过"希伯来砂浆巩固了美国的地基。"她引用了自由之钟题词的来源并说，"好像现在它正在响，它是象征性的，尽管它已超过一个世纪不再流行。世界周围有它越来越多的意义。"在整体地区，Elfreth 巷对她有特殊的重要性，作为前革命犹太社区居住的一个继续存在环境的例子。她注意到 Elfreth 巷上的住宅是 18 世纪犹太人的，像雅各布·科恩，是个皮草商。她想到殖民时代就是广泛接受犹太人逐渐同化到非犹太人社区的时期——对她而言，"费城"的意义似乎听起来真实可靠。接受的标志，尽管不是贵格教徒的集合，是基督教堂（主教），它每年年会和以色列密克维（Mikve Israel）犹太教成员有古老的传统；教会因为那个特殊的目的保留合适的整套餐具。旧城是世纪转折点德国犹太人的家乡，她说道，而东欧移民居住在南费城。革命时代她最喜欢的人物是富兰克林，众多事情中，面对金融危机时期以色列密克维退休人员的抵押债务，他是最大的非犹太捐助者。

对犹太美国人重要的场所明显是 NPS 维持的以色列密克维公墓。当我们在那里时，一位女士进来说她曾有次激动地发现它没有锁："我认为在这儿是光荣的。它是费城的一件奖品。我经常访问这里但它从没开过。"

文化表征

凯恩法师（Rabbi Caine）直言说应该强调以色列密克维墓地，那些和所罗门（Chaim Solomon）相关的场所应当有公园的签名（所罗门是独立战争时期主要的奠基人之一）。他对独立时期犹太人的历史作用和公园的缺乏表现尤其敏感。其他商量的人提防制造过多的犹太人的贡献。尽管很多人为此骄傲，他们担心分歧会导致引人注意到尤其是犹太人的贡献。一位男士说，"它是个非宗教的地方。这里曾发生的重要事件让我们团结在一起。我们想公平被对待——如果指向犹太人场所，那么别的都应当获得同等待遇。"

170

结论

之前人种志的描述对反映多样化以及确定的文化社区顾问所表达的忧虑都给予了生动的感受，尽管其他一些社区在研究过程中被排除在外。比如说，美国本地社区的两个代表在费城的美洲印第安人办事处接受过访谈，就在公园的边上。这些顾问，来自 Lenapi 和 Nanicoke 部落，因为办事处的地理位置他们对公园非常熟悉。他们认为公园疏远了美国土著居民：其中之一是公园几乎没有做什么使公众记起这公园的土地最初是属于 Lenapi 印第安人的。还有就是，他们声称对本·富兰克林到易洛魁族人社区的历史参观没有商讨，以及对他使用土著人口社会组织的第一手资料到政府项目中的方法也没有讨论。

但即使使用了战略性的"快速"人种志的研究，我们认为辨认出引述和评论中的文化社区的不同态度是可能的，尤其是关于意义、象征和文化表征。从这些调查结果我们得出非洲裔美国人最担心的是公园殖民历史他们文化表征的缺失，亚裔美国人和说西班牙语的美国人比较少担心但更喜欢看到他们的故事整合起来作为美国人的经历，而意大利裔美国人和犹太裔美国人展现他们与其他美国人的不同时是最矛盾的。三个文化群体——非洲裔美国人、说西班牙语的美国人和犹太裔美国人——都提到了在公园范围内，他们希望看到纪念的场所或看到那些注意到他们文化存在的安装标识。许多文化团体——尤其是说西班牙语的美国人、非洲裔美国人和亚裔美国人——渴望孩子的规划和家庭活动。这些说西班牙语的美国人对潜在可娱乐的公园特别感兴趣，他们的观点至少被其他文化团体的少数顾问所附和。总的来说，每个文化群体都有明显不同的信息，同样一些整体喜好与群体的大多数相联系。

表7.2 提供了关于先前章节出现的复杂分析的概述。通过对比出现了不同文化团体的相似处和差异处。从跨文化分析中可勾勒出接下来的一代人：1）大多数被访者不利用公园除非带领游客，尽管很多人过去都对公园有美好的回忆，一些人现在发现公园不安全；2）大多文化团体认为公园的意义和争取自由之争相关，而且这段历史和他们自己的历史相联系；3）一些文化团体挪用自由之钟的象征意义并给予了它他们自己的文化意义；4）很多文化团体认为被公园排除在外，这是因为文化体现和标识的缺少；5）大多文化团体想要在公园里有更多的参与。

国家独立历史公园：不同类型的文化团体分析比较　　　　　　　　　　　　　　　　表 7.2

种类	非洲裔美国人	亚裔美国人	说西班牙语的美国人	意大利裔美国人	犹太裔美国人
游客使用	不经常游览——不太忙，没有黑人历史，回顾过去；在华盛顿广场散步	主要访问独立钟和独立大厅；和游客一起游览或在特殊的场所	频繁的访问——游行，约会，工作，吃饭；带孩子去玩或城外的游客	大多数没有游览，一些人感到不安全；许多人在年轻的时候游览过，像一些老年人	不经常游览；游客的回忆；城外的游客；一些步行者
意义象征	历史和文化认同；没有特殊意义或消极意义因为只为游客或白人	干净，安全，有组织，和平的地方；"破坏的钟"表现了为自由而奋斗的现实	迷人的，安静的地方；"太严肃了"；历史空间代表了为自由而奋斗	一些物质元素的附属物；移民社区的故事和宪法	独立钟是象征性的因为其上的题词；独立宣言是很重要的
文化代表	不代表非洲裔美国人；在公园因为缺乏多样性，感到被排挤	不希望作为代表；强调教育；在公园因为缺乏多样性，感到被排挤	波多黎各日游行是一种代表；想要看到更多的关于他们文化的展示	鲍尔奇学院代表移民团体；公园应该是每个人的；饼干、比萨饼、三明治	唤起对团体的关注是矛盾的；以色列密克维和所罗门应该被强调

国家独立历史公园的研究事例证明了文化团体的文化表现对人们利用公园以及和公园的关系有关键作用。这些消除的历史记录了非洲裔美国人社区和犹太裔美国人社区，单语的节目和标识排除了说西班牙语的美国人和越南裔美国人社区，这正说明了文化/种族群体是怎样回应外界和社会环境信号的。若我们让不同文化团体参与到设计的公共场所中来，那么设计者和规划者，同样联邦政府，州政府和市政府都有责任认真对待这些调查对象：场所的设计消除了我们的历史，或是那些新建的场所以各种细微的方法将我们排除在外，我们不会再来。城市空间里的文化表现是排除社会边缘和/或少数民族居民历史和地方政治的重要证据。城市公园提供了社会和外界环境的记忆，传达了应该在这里的人，以及历史建筑和场所，标志，纪念碑为人类行为做好准备。

我们的研究提供了清楚的证据，就是怎样规划和设计维护历史的实践能够扰乱地方社区对场所依赖的感觉，以及打乱地方、种族人口文化特性的表达。新的种族和移民的群体被排除在外，是因为缺少文化障碍的敏感性，像没有能力读英语和说英语，无语言的建筑信号，以及体现文化的标志。国家独立历史公园人种志的研究呈现了这样一种研究的范例，就是早期历史保护或城市重建项目中，承担恢复历史的研究已经发生变化和／或是消除了。我们得出结论，城市公园的文化表征是地方群体使用和维护的基本原则。任何多样文化背景下，理解种族历史，文化表征和公园使用间的密切关系对设计和规划的成功都起关键作用。

附言

这次研究的成果之一就是国家公园服务机构批准了对费城各个社区以及他们和公园关系的进一步研究。作为随后工作的一部分，NPS 向 REAP 研究中的相关人员发了调查问卷，以作为社区参考。一位国家独立历史公园的官员说她经常利用 REAP 的报告，作为关于种族社区支持公园地位有利论据的参考资料。正式来说，REAP 报告成为新的整体管理计划中环境影响报表的附录。REAP 研究对包括国家公园在内的华盛顿广场的想法给予支持，那时提出的变化积聚了动力。同样的 NPS 官员说这个新的自由之钟围绕地内将为"公共异议"设置一个场所。NPS 官员们说他们认为包含有不同意见的团体可以表达自己的特定场所是重要的。一位管理员把这叫做 REAP 的一种"间接影响"；即使言论自由不是 REAP 特别论述的议题，可众多的被访者"不同意"公园的爱国主题思想。

注释

1. Doris Fanelli 在独立城指出："由奴隶或单独的非洲裔美国人所建立的故事未被证实……事实上这个故事被重复常常是用于表达它对于讲述这个故事群体的意义，公园从故事中应该得到的是对于承认的要求。"

第八章　评估文化价值的人类学方法

引言

　　有时很难找到合适的方法研究一个地方的人们，特别是当你想要收集一些敏感的、无形的和易变的文化价值的时候。然而最好的方法是去理解技术的"工具箱"或"调色盘"中什么是可用的，以及在不同领域中什么最能发挥作用。作为研究者，我们不得不决定在一系列地点中采取什么方法才是最佳方法，我们已经适应我们的方法来研究特殊地点和特殊问题。有时它就像把什么是焦点团体变成团体采访一样简单，当被一群兴奋的孩子包围或重新对在公园运动的步行者和骑自行车的人做调查的时候。每天在面对各种各样的问题工作时必须具有弹性和创造性，比如不想和你说话的人或对你的话题不感兴趣的人。但收获大于付出，因为你开始了解别人的想法、价值观和关心的问题，通过这些了解你可以开始解决这些问题和冲突，并予以当地社区一定的权利。

　　本章提供有效的人类学定性分析法，用于评估大城市空间如景观公园，海滩和国家遗产保护区的文化生活和价值。这些对于规划、设计、改造和管理这些复杂的地方都是很有用的。前几章的案例研究说明了这些方法如何用来回答特定问题和解决具体城市环境中的问题，因此他们将提供不同环境里如何使用这些方法的具体实例。

　　我们首先概述文化人类学的定性分析方法。人种志方法和观察法似乎最适合，因为他们同时适用于个人和团体层次的分析。另外两种方法——选民分析法和人种语义学同样适用。每个方法的局限性都被讨论了，第三种方法是快速人种志研究方法，简称 REAP，它被认为是解决公园问题最有效最全面的方法。REAP 产生于农业和国家公园项目，当用于景观建筑的规划和设计问题时可以综合选民分析原理进行研究，人种志方法主要用于历史保护和规划项目。以下部分主要讨论 REAP。

人类学 / 人种志研究法

概述文化人类学的定性分析

文化人类学的定性分析法具有人文主义和整体论的特征，整体论是一种哲学理论，它认为人类和人类行为不能在一个人日常生活和行为环境以外理解或研究。方法论被归入这个定义，包括认知的、观测的、现象的、历史的、人种志的和访谈的形式进行研究。每种方法侧重于社会的不同方面，在他们对于特定问题的适应性方面，研究水平方面和在研究过程中所扮演角色的有效性方面有差异。从这些方面来讲，方法论是用于整理他们复杂性和调查范围的，从关注一维人类活动、心理和行为过程的认知法和观察法开始，紧随其后的是结合人类活动和环境的现象法和历史法，以及包括人类活动、环境、社会、文化和政治内容的人种志法和访谈法。

认知法包括研究认知的心理过程和语言反映，认知是一种通过理解意义构建感觉的系统。其中一个应用是在人种语义学领域——从文化本身的角度研究对意义的认识。大多数语义的工作是基于对主要信息提供者的深度访谈从而产生语言概念的分类和层次，以及产生描述一个人对世界的理解的术语，从而全面地描述文化（Low and Ryan, 1985）。例如，一个与人类学家共事的专业人员能通过访问信息提供者在他们城镇现有的所有房屋种类的名称，来开发一种房屋分类学。一旦所列类型包括所有可能的房屋类型，研究者又会问这些房屋类型有什么区别，然后重复这个过程直到完成具备所有房屋类型和他们的特征的语言分布图。人类语义学涉及改进语言的过程，集中研究一群和他们当地环境有关的人的语义结构。当用于研究建筑环境时，语言所扮演的角色不仅是一种结构或分类系统，也是一种象征性的关于重要文化观念的交流。

观测法是通过研究者观察明显的行为对主体进行定性研究，包括简单的观察行为和行为映射，以及对公共空间精确的延时拍摄系统（Whyte 1980），种族文化考古学技术（Kent 1984），理解建筑环境的非语言沟通策略（Rapoport 1982; Low 2000）。例如，威廉·H·怀特（1980）花了7年用小型电影摄像机拍摄街头行为得出的结论总结在《小城市空间的社会生活》(The Social Life of Small Urban Spaces) 一书中。这部电影的分析产生了一套城市设计原则，已经被作为新纽约城市公共空间区划的基础。

种族文化考古学技术结合了从现场发掘的传统考古资料和通过历史文献进行的层理分析以及对当地群体的人种志研究，这些当地群体对空间的使用方法可能和他们的祖先相似。这个构想通过观察当代人的建筑环境、每天的行为、社会和仪式活动来说明考古学发现（Kent, 1984）。最后，观察非语言行为已经被用于建立关于人们如何理解场所的理论。拉普卜特（1982）认为一个地方固定的特征，如建筑、树木和构成元素不能轻易被改变，不固定的特征，如设施，会产生非常不同的意义。当试图理解非语言沟通的时候，不固定的特征更重要。在所有这些案例中，观测技术是研究项目或理论阐述的核心。

现象学研究与观察法的不同之处在于研究对象没有与感知行为分开。研究的重点是"场所"和"经历如何产生场所，以及如何反过来，它象征着那段经历"（Richardson 1984, 65; 同见

Low 1982）。重点在于个人的感知和他／她的经历作为这个世界的实验性证据，而不是观察本身作为脱离观察者的证据。这种认识论的不同在研究员记录（现场记录和叙述，而不是在地图上或胶片上）和理解所收集的数据的方式方面有很重要的意义。

历史法定位于特殊的地点、场所或临时环境中的建筑形式。历史法对建筑史学家、考古学家和其他人来说非常重要，因为他们能提供对于这些地点过去价值的深刻理解，以及观念和意义是如何随着时间而改变的。历史法研究了过去的使用者和物质文化及其演变过程，但他们没有研究该地点现在的使用者，而人种志研究法对这些使用者的研究很透彻。

人种志研究法的研究内容更广阔，包括该地方的历史以及社会和政治内容，作为一种理解当代社会文化类型和文化团体的手段。人种志研究是描述一种文化的过程，它能够精确地预测当地居民对设计和规划方案的反应，有助于通过系统的文化理解来评估复杂的方案。根据地理区域的大小、时间的长短和历史研究的深度，人种志研究可以得出一个对某地方的完整的文化描述，以及对相关的整个社区和相邻地方的描述。例如，对纽约布鲁克林和皇后区边上雅克布·里斯公园的人种志研究发现，国家公园管理局对摩西公共浴室的修复对新游客来说不重要，他们来到海边是为了在树荫下野餐并享受家庭聚会（图 8.1）。这些新游客，主要是从美国中部和南部来的新移民，他们不了解这个地方的历史，不理解为什么用栅栏隔离具有历史意义的能够直接看到帝国大厦的购物中心。相反，他们感到不安的是如此多的树被

图 8.1　在雅各布·里斯公园工作的人种志学者

方法	调查规模／层次	参与程度	研究问题
认知法	个人	少数	规则、想法和观念
观察法	团体和个人	少数	行为、可见的行动和活动地点
现象法	个人	全部	场所和事件的体验
历史法	社会	少数	社会和文化趋势，场所对比
人种志法	团体和个人	中等	文化动机、标准、价值、目的、符号和意义
访谈法	个人和社会	中等	谈话／对话潜在的价值

179　　隔离。他们的回应是忽略围栏，并在树下野餐。人种志研究揭示了这种冲突（那些使用者和公园管理者之间）的来源，进而为未来历史遗迹提供更好的交流、设计和规划的可能性（参见第五章）。

　　语言方式包括社会经验，讲话者和倾听者之间的互动行为，讲话中的意外情况，谈话的目的。他们认为研究对象、主题、环境、对象的解释都是一系列连续的领域。语言方式只是实施的开始，因为收集数据的难度和记录、注释的高度专业化形式。

　　表 8.1 里每种方法都被评估了，通过研究个人、团体或社会的关注焦点和比例；接触和投入研究"课题"的程度，分为最少的、中等的和全面的；问题的类型，大多和方法论有关。每种方法的效用源自研究的需要，以回答特殊的问题，在一个控制投入程度的时间表里，在特殊研究问题领域内部。这个应用标准源于这些相同决策变量。

　　这些方法适用于不同类型和不同层次的研究。比如，以个人为基础的方法（认知的，现象学的和语言方法论）在引出个人使用者的经历和场所观念方面很出色，而以社会为基础的方法（历史的和语言方法）提供了揭示文化的重要性和社会的变革的方法。这两种方法的核心目标是鉴别当地场所的使用和废弃，甚至更重要的是理解使用和废弃背后的动机、标准、价值、目的和象征性意义。例如，当现象研究可以引出地方归属感、地方认同感的时候，人种志研究描述了区域社区内团体的地方归属感。更近一步说，人种志方法集中研究社会文化的价值作为研究的核心部分。

　　人种志结合了观察法，然而在这个领域需要相当多的时间来完成，通常为一年或更长时间。与设计规划专家、保护工作者、公园管理者、其他专业人员一起工作，需要简要直观的程序以理解特殊场所。这些战略中的两个已经被用于历史景观保护项目，并且由于它们的适宜性而被
180　　讨论——它们合并了观察与人种志研究——因为它们提供了允许用于（性质方法学）正在进行的，特定场所项目期间短期应用的工作方法上的捷径。

选民分析法：景观建筑法

　　适当的社会科学研究方法作为景观建筑的发展始于一位人类学家塞萨·洛及相关教师、学生进行设计的结果。[1] 他们需要一种方法来组织、收集和概念化与设计有关的社会数据。选民分析法是一种将复杂循环的设计过程和社会数据整合的尝试。表 8.2 总结了设计过程的五个阶段和社会数据的三个阶段，I，II 和 V 阶段，需要人类学研究方法。

| | | 选民分析法 | | 表 8.2 |
阶段 I 问题构想	阶段 II 数据收集	阶段 III 规划	阶段 IV 实体设计	阶段 V 评估
明确客户	选民定义	数据分析	概念设计	变化的程度
说明问题	需要和期望评估选民冲突	数据应用	实体框架	意义诠释

第一阶段是问题的界定，由明确客户和说明问题组成。对于任何一个项目都有许多潜在客户和使用群体，包括支付客户（通常是联邦政府）、特定的用户群、在合理场地附近的社区或居住区的居民和可能使用这个地方的地区或国家的潜在使用者。访谈法（一种影响过程分析）和其他技术对于形成一个包含所有客户或利益相关者和设计投入的清单是很必要的。

一旦明确了客户和问题，设计师开始根据对该地点居民和未来使用者的理解收集数据。这个数据收集的阶段表现为识别顾客和他们感受的需要、期望和社会冲突的形式。选民识别是列举和描述在项目地点附近的人们居住的类型，也就是他们的社会、文化和人口学特征。任何数量的采样技术和方法，从当地社区参与观察到随机居民和使用者的问卷调查，都能用于收集数据。一旦选民被描述并按组分类，第二要务就是识别选民感知、需求和期望。这个成为以后实体设计基础的信息很难收集，因为直接引用技术通常不会成功。这些方法建议，尝试刺激人们对可能的土地利用和实体设计场景的反应和建议，如专家访谈、场所利用和认知的心智地图，以及映射测验。收集数据程序的最后一步包括识别选民冲突的有关问题，它会影响未来任何计划改造的成功。根据计划，分析选民冲突可能成为规划程序的一部分，尤其是当项目程序的目的是要解决土地利用矛盾时。

实施和实体设计之前的第三个也是最后一个阶段，是为最终设计设置安排一套特定目标。项目尊重并应用选民对特殊设计的需求和期望。最后是设计评估，它基于最初项目目标和社会标准，需要一些度量社会变革的形式。许多人类学方法已经发展成熟，可以监测大型项目的社会影响，包括上面讨论过的 REAP。社会变革经常被前期的问卷调查测定以确定结果的价值。然而定性分析技术，如参与观察和结构式访谈，可以应用于设计涉及较小规模时。

选民分析是将选民识别整合到规划设计项目中的优秀系统。客户识别的过程和利益相关者识别、选民识别、需求和期望评估相似，选民冲突的规划适应于大多数大型城市地区。然而缺点是有些地方没有明确的选区，或他们的选区没有与当地文化价值匹配。因为这些原因，公园人类学家发展成熟的方法，如 REAP 更具有灵活性并利用更多的技术和方法。尽管如此，阶段排序和强调规划设计的自然性在思考关于发展文化价值评估程序方面很有用。

人种语义学方法：历史地区的设计和转化

人种语义学技术已经被用于将当地价值转化为能够被保存的物质文化元素。建筑历史学家和民众观念的分离通过专业和大众文化的差异而增大了。建筑师和建筑历史学家，以及大多数规划设计师、遗产保护专家，参与了社会化过程，提供了共同语言、一套符号、价值结构、程序法则和禁忌。公众不会分享这种感知系统但会保留意象并把他们自己的信念、习惯和价值嵌入选择中。当这两种"文化"争夺土地利用、建筑、景观和保留决定权时，冲突可能上升。在这种情况下，方法论和某人训练人种语义学的概念技能或其他人类学和语言学方法对解决"文化"冲突问题很有用。当公园管理者和规划者面对抉择，他们知道也许会有激烈的争论，他们回去寻找其他的途径转化文化差异，通过某种方法，如那些被描述的人也许可以通过寻找中间立场或适当的语言解决争论。

183

人类语义学方法假定文化是由语言构成的，能够通过语言分类分析引出。结构化的问题可以组织对分类范畴的回应，以创造文化价值的领域。这些方法已经被应用在改良式历史建筑和景观的保护中。希腊村落住宅的人种语义学结构研究揭示了他们传统社会地位意义（Pavlides and Hesser 1989），并将 18 世纪宾夕法尼亚州社区乡村石农舍在文化意义上的适当细节转化为填入式建筑设计的标准（Low and Ryan 1985）。两种研究从确定当地社区建筑变化的范围开始，调查当地变化的意义，用人类语义学方法核实那些意义。帕夫利季斯和赫瑟（1989）拍摄了希腊村落住宅的建筑细部，基于前期访谈和住宅调查，他们认为这些细部是一个家庭社会地位的象征。他们表示这些照片会返回社区，并让社区成员说出每个建筑细部意义是什么。社区成员的回应是用来确保研究者能解释社区所反映出的象征性意义。

洛和瑞安（1985）关于宾夕法尼亚州奥利村的历史建筑的研究，计划总结当地居民认为他们的石农舍有意义的特征。这个项目是乡村保护计划的一部分，并利用历史建筑调查作为一个社区建筑多样性的指导。一个具有代表性的受访小组就调查中的每个建筑细部的"奥利式"的程度发表了看法。研究通过探索"奥利式"作为文化相关的认知领域，将建筑学元素和文化意象联系在一起。

快速人种志评估程序

快速评估和应用人种志研究

快速评估法作为发展中国家的领先方法，已经针对美国公园研究做了调整。快速评估法的理念在两个不同领域同时开始：一个是乡村和农业发展项目，另一个是与公共健康项目和流行病学有关。快速评估的概念已经调整同时适应非人种志学内容，如保护生物学（Abate 1992）。快速评估过程（RAPs）被广泛应用于健康领域；术语和方法起源于斯克林肖与乌尔塔多（Susan Scrimshaw and Elena Hurtado）1981 年出版的手册，它最初应用在危地马拉，之后在

184

15 个其他国家测试（Macintyre 1995；Manderson 1997）。

用于农业发展的术语是快速乡村评估（RRA），起源于 1978—1979 年英国苏塞克斯大学（Sussex）创办的工作室（Manderson and Aaby 1992；Beebe 1995）。同时，发展部门官员发明快速评估法为了在有限的时间和资源下收集与乡村发展主动性有关社会信息。所有快速评估法都属于应用研究：以库玛（Kumar）（1993）的观点，这项工作不会解决理论问题或产生理论，但可以得出更多在现实环境中的合理决策方法。

快速法至少源自两方面问题：1）需要在迅速变化的环境中收集吸收社会经济信息；2）缺乏足够的应用医学和健康领域的人类学家，特别是在发展中国家。还有一个相关的问题是训练

各领域的专家需要漫长的时间和高额的费用。在健康领域，国际机构已经致力于在发展中国家有效地开展健康教育和疾病控制项目，以及精确的项目评价系统。因为认识到健康与社会文化环境有关，国际机构已经开始从人类学中寻找研究方法，人类学提供了非常特殊的社会文化信息（Manderson and Aaby 1992；Harris, Jerome, and Fawcett 1997）。

快速方法的广泛应用还与服务机构内部的"机构文化"有关。这些机构通常聘请外部咨询顾问而不是永久性地雇用专职研究人员；而机构的官员们逐渐认识到，在方案设计阶段，来自本地社群的"知情人"能够获取背景资源，具备相关知识，对项目会有很大帮助。（Manderson and Aaby 1992）。快速评估法已经被广泛应用于国际项目，如治疗痢疾病，营养不良，卫生保健，急性呼吸系统感染，以及癫痫症，已经被一些代理机构赞助，如美国国际发展局，联合国大学，联合国国际儿童教育基金，以及世界健康组织（Harris, Jerome, and Fawcett 1997）。

在人类学中，快速评估法和行为人类学有历史渊源，它是一种价值明确的方法，用于完成自我决定并在当地社区中培养能量积累。人类学家如史蒂夫·申苏尔（Steve Schensul）发现时间效率研究技术的需求，认为理论著作中理论上的高雅和理由不会服务于社区目标。1973年申苏尔在芝加哥发明了他所谓的"突击人类学"。在实例中，11个独立的研究小组都在11点整进入芝加哥公立学校评估作为第二语言的英语。研究结果被用于向伊利诺伊州公民权利委员会提交一份申请（Van Willigen）。

和行为人类学一样，快速评估法把当地居民作为研究团队的一部分置于相当重要的地位。对某种环境中大型聚会的前提、选择和兴趣，如调查者，政府和捐赠机构，他们决定了这些聚会实际建构的方式并选择他们的活动。因此让所有的不同利益相关者在给定的情境中是很重要的，可以抵消对赞助者和调查者的偏见。相当有价值的是在少数农民、妇女、无产阶级和其他人之间发现本土文化（Schensul 1985；Kumar 1993）。人类学家已经参与行动，但作为当地社区领导阶层的辅助者，用他们的研究技能来帮助达成社区目标（Van Willigen 1993）。

快速研究和传统定性研究的不同之处在于往往不止一个研究者参与包含各种学科的团队，研究团队内部的相互作用对方法论的研究是有决定性的，使得结果产生得更快（Beebe1995，42）。快速研究的两个基本方法原则是三角技术和重复。三角，或多样方法的应用"目的是使数据有效性和可靠性的最大化"（Manderson 1997, 6）。半访谈、专业访谈和社区焦点团队是三角方法有特色的基础。重复是指不断地重新评估新的数据，含义是对可能产生的新研究问题的重新评估（Harris, Jerome, and Fawcett 1997； Manderson 1997）。

快速方法的评论者关注于外部有效性和可靠性的问题。因为研究参与者被挑选出来作为人群基础或基于其他不可能的条件，所以研究结果对于大多数人来说通常被认为是无效的（Kumar1993；Manderson 1997）。快速法数据给出一个相对精确的关于普遍存在的现象、态度、感知或行为模式的描述，但不是全部范围的或普遍的（Kumar 1993）。"快速评估〔选择〕时机，焦点和定性信息，通过固定的抽样几率，以结果'科学的'确定为代价"（Manderson 1997, 2）。

因此，快速方法也会造成内部、构建或有效性的问题，也就是说要在研究结果中给予变量和行为正确的名称和特定的准确意思（Harris, Jerome and Fawcett 1997）。在传统的人种学中，用于观察研究对象并和他们共同生活的时间倾向于确保高水平概念的准确性，但快速研究能导致对于现象观察的误解。然而，利用三角技术可以减少这种风险。可靠性（反复产生同样结果的能力）也是快速法的一方面，困难的是观察者的偏见。多学科性质的研究队伍有助于减少快速偏见（Harris, Jerome, and Fawctt 1997）。

在北美洲的快速方法已被应用到社会影响评估(在美国，根据美国国家环境政策法 [NEPA])和社区的需求评估（Crespi 1987；Liebow 1987）。NEPA 要求联邦机构包括公众参与决策过程。对于公园管理者来说，进行人种志研究关系到规划与规划决策，遵从 NEPA，提供对经营、保护和保存文化资源有用的文化信息（Mitchell 1987）。

欧文（Ervin）（1997）报道，在萨斯喀彻温（Saskatchewan）一个社区的需求评估，总共需要大约 6 个月，运用 6 种定性方法相结合。4 人研究小组在当地联合之路（United Way）的协约下工作，排列社区的社会服务优先考虑的问题。研究结果报告优先考虑排名，如消除饥饿，加强预防性服务以及避免社会服务提供商的直接评估。然而，很多项目的利益相关者，依赖于联合之路基金，他们很谨慎地与研究团队合作，在一些情况下态度甚至是敌对的。

在国家公园管理局中，"文化资源管理"（CRM）涉及识别联邦的以及其他发展考古遗址、历史建筑之类的影响，并用各种方法管理这种影响，作为联邦法律的规定（Van Willigen 1993，164）。在 CRM 工作的文化人类学家最近应用人种志研究当代社区，调整快速评估方法作为应用研究的几种方法之一。公园服务应用人种志项目定义了七种人种志研究方法，其中就有快速的人种志评估程序（NPS 2000）。每个方法被用于一种或另一种方法来调查和描述特定的当地社区和公园资源之间的文化关系，有时用来支持"国家史迹名录"的土地和遗址的提名（Joseph 1997）。REAP 对于项目推动的应用是合适的，因为它提供了大量对于短期规划目的（通常是一个四个月的时间框架）有用的文化信息（Liebow 1987；NPS 2000）。187 REAP 的短期时间框架在实质性计划建设项目中是一种决定性的优势，它包括主要担保资金，政治支持谈判，可行性机构担保和及时项目开发。

文化资源管理公告是 NPS 的一个出版物，展现了 1987 年机构对于当代社区的人种志研究。尽管没有提到 REAP 的特别之处，但其中一些文章阐明了公园管理局对于应用人种志的总体有效性的看法。比恩和文（Bean and Vane）（1987），洛（1987）证实了范维利根（Van Willigen）（1993）观察到的 NPS 的文化研究经费主要用于历史和考古发掘问题，而不是当代社区和公园的资源的文化关系。

豪厄尔（Howell）（1987）的报告指出，1979 年她在田纳西州的大南叉国家娱乐区（Big South Fork National Recreation Area）的经历就是一个例子，说明了对这些关系的理解是多么重要。在那个项目中，研究人员可以成功地说服了一个合作的联邦机构（工程兵部队），转移一小部分（5万美元）的文化资源项目预算用于人种志研究，以问卷调查的形式。豪厄尔发现历史和考古学在文化资源管理和解释中长期扮演重要角色，但直到最近，也很少有研究去理解生活在国家公园里或附近的人们的生活方式。马洛和博伊德（Marlowe and Boyd）（1987）提到了 NPS 中"文化"的竞争对手。我们假设，公园管理者容易看到普通百姓的生活方式，作为自知之明并为"知道他们的人"而感到自豪。

NPS 首次理解与美国本土社区有关的人种志研究，这些社区与某些公园土地有长期的关联。这些土地及相关的文化资源被美国本土的或其他社区要求作为他们保留的文化象征和存留。NPS 把这些土地贴上"人种志资源"的标签，和他们有关的人们是 "和传统资源有关的"或 "和公园有关的"的人们（Crespi 1987）。在提供当地生活方式的系统数据方面，应用人种志研究的目的是提高公园管理和当地社区之间的关系，那些社区与公园文化资源的历史和联系是未知的或知之甚少的（Bean and Vane1987；Crespi 1987；Joseph 1997）。

NPS 的著作指出几种人种志研究的益处。其中之一是冲突管理领域：例如，当当地社区反对一个新公园名称时，人种志知识帮助管理者识别妥协的时机以及潜在缓解措施（Wolf 1987）。另一种类型的益处包括社区的权力。约瑟夫（1997）强调借助于公园服务机构的应用人类学研究的合作性质，普通公民和社区领导一起参与选举出官员、公园管理者和研究者。同时社区中强大的选民表达他们的意见，人种志研究是一种媒介，用来识别少数明显的团体并吸引他们进入决策的过程。

第三个重要的益处是人种志研究在寻找方法领域，同时呈现和再现公园诠释项目中当地社区的文化遗产。国家独立历史公园最近努力在其诠释项目中再现费城的黑人社区历史。这样的努力在公园员工中仍有争议，他们中有些人觉得那些故事不太出名，人们不应该与国家官方资金焦点竞争（Blacoe，Toogood， and Brown 1997）。马萨诸塞州的民兵国家历史公园，已经恢复并保护农业作为公园保存和诠释的历史环境中的传统文化实践。只有通过人种志，信息才可能被发现，例如家庭式农场中的性别分工，信息成为该公园解释报告的一个重要组成部分，也有助于有效管理（Joseph 1997 年）。

曼德森和奥比（Manderson and Aaby）（1992）指出缺乏有关健康的快速评估过程的研究文献。如他们看到的，快速评估用于支持项目的要求，而不是作为科学研究，他们经常使用的合同和顾问公司使之成为非一般的学术报告材料。REAP 的应用并没有被广泛地报告。在这本书中，我们阐明一种 REAP 在各种各样公园研究中的使用和成果。

REAP 法

在一种 REAP 中，许多方法都被选择用来从能被三角化的不同来源产生不同类型的数据，以提供场所的综合分析。每种方法的描述都是简要介绍，表 8.3 总结了每种方法的产生和成果。

历史和档案文献

历史文献的收集和有关档案、报纸和杂志的回顾，开启了 REAP 项目。在有历史意义的地点这个过程的工作量可能会很大，特别是如果第二来源不存在。详尽的历史文献材料很重要，应该被强调，因为通过对该地点的历史的充分理解，合作和冲突领域往往变得清晰和明确。

物质痕迹地图

物质痕迹地图记录了酒瓶、针管、垃圾、衣服、腐败的植物和其他行为痕迹。这些地图完全基于每个地点早晨的数据收集。记录人类行为的物质证据并展现提供间接线索，揭示这些地点在晚上发生了什么。物质痕迹地图假定有一个可用的资源的基本地图和基本特征，能被用于物质痕迹定位。另外，工作的一部分是创造一种地图，包括物质痕迹和行为地图。在许多考古地点基本地图可能不可用，研究过程需要增加其他步骤。

行为地图

行为地图记录了人们在一定时间和地点中的行为。这种地图排列的数据在某种程度上允许地点的规划设计分析，他们在熟悉该地点每天的活动和问题方面非常有用。他们在多种社会经济用途的有限公园空间中最能有效利用，研究者白天可以在各种社会空间中重返多次。

调查

调查记录了社区顾问在引导步行期间描述和评论了什么。这个想法包含了一个或两个社区成员作为研究小组成员，是为了从社区成员的角度理解地点。在大多数 REAP 法中，和研究人员一起工作的当地顾问作为合作者。然而，在调查中这种关系非常重要，该方法依赖于合作者和研究者之间的质量关系，以及社区成员明确社区关注点的能力。

个人访谈

个人访谈从确认的人群中收集。每个地点的采样策略、访谈时间表和采访数量都不同。在大多数情况下，住在调查地点附近的现场用户和居民会被采访，但在特殊情况下，可能会收集更广泛的访谈。

专家访谈

专家访谈从那些被确认有特殊技能的人中收集，以评论这地区和它的居民以及使用者，如供应商协会的领导，邻里协会的理事长，规划董事会的领导，当地学校的老师，当地教堂的牧师，当地学校的校长，以及当地公园和机构的代表。

随机团体访谈

随机团体访谈发生在人们聚集的户外公共场所或者教堂、学校团体召开的特殊会议。团体访谈的目标（相对于个人访谈或焦点团体）是在团体环境中收集数据，同时为社区提供教育机会。随机团体访谈是无限制的，实验性的，包括任何有兴趣参加小组讨论的成员。

焦点团体

焦点团体由那些对于理解公园地点和当地居民有重要作用的人群组成。相对于大型的、开放的团体访谈，焦点团体由 6—10 位选定的人组成，尤其是代表弱势群体，如学童团体、老年人团体、残障人士团体。讨论使用团体的主要语言，由一个主持人主持，通常是磁带录音。

参与观察

研究者们坚持记录场地日志，记录他们的观察和在公园日常生活的印象。他们还保存他们的经历记录，作为他们与使用者和社区的互动。参与观察是一种有价值的对行为地图和访谈的辅助。它提供了相关信息和数据，可以和观察内容进行比较并确保准确的数据解释。

分析

采访数据通过编码所有回答者被组织起来，之后对民族和文化团体以及研究问题进行内容分析。调查、巡访和访谈被各组用来生成文化资源地图。焦点小组确定社区和明确的区域范围内文化知识与社区的冲突和分歧。测绘、调查、个人和专家访谈、焦点团体提供独立的数据，可以用于比较和对比，从而提高相对小规模样本数据收集的有效性和可靠性。在所有的人种志研究中，可以利用访谈、观察和专业记录，以及文化群体模式的知识和当地政治，来帮助解释收集的数据。

大量的程序用来对数据进行分析。首先，资源映射方法通过结合的行为地图，物质痕迹地图和参与观察记录的覆盖法产生。这些地图是描述性的，总结了活动和现场破坏情况。其次，召开一个研究会议，让参与者总结他们在采访中的发现。这是一般的引导研究团队（或

表 8.3

方法、数据、工作和启示的回顾

方法	数据	工作	启示
历史文献	剪报，收集书籍、文章和记录	研究现场和周围社区关系的历史	当前研究和规划项目的历史环境
物质痕迹地图	收集垃圾和各种类型的腐败物	夜间现场行为活动的描述	夜间观察不到的行为
行为地图	现场时间／现场地图	白天现场行为活动的描述	现场文化活动
调查	记录现场的访谈和顾问	社区成员角度对地点的描述	以社区为中心对于研究现场的理解；当地意义
个人访谈	访谈表格	文化团体回应的描述	社区回应和对公园的兴趣
专家访谈	深入访谈录音	当地机构和社区领导回应的描述	社区领导对公园规划的兴趣
随机团体访谈	会议录音	团体观点和教育价值的描述	事件和问题的团体意见
焦点团体	磁带录音和记录	小团体讨论问题的描述	文化团体引起的冲突和争议
参与观察	现场记录	环境的社会文化描述	提供研究和确定社区关注点的环境

研究者）的观察，同时他们开始发展更精确的编码策略。这种合成阶段是相当重要的，它提供了一个开始思考发现了什么的地方。这些"总的概要"是用来探索理论方法和优先编码程序的。

第三步是采取各种泛化，把它分成一组可以用来分析专业记录的代码。一旦这一步完成，就进行访谈问题评估，发展一个类似的编码方案。访谈编码依赖于地图的发现和专业记录以及问题本身的构成。这是漫长的分析过程的一部分，而且它需要研究小组与客户（在某些情况下，是与个人利益相关者）进行讨论。一些编码方案可能需要多维排列和定量分析，尽管REAP中的定性内容分析通常很充分。因为REAP是一种"快速"的过程，访谈的数目通常小于150例，因此可以进行人工分析。定性分析过程的益处是数据不是从他们的环境中抽取的，因此保留了它们的有效性和细节。最后一步是数据性质和团队本身的各种分析、搜索共同要素、行为模式和识别地区的冲突和差异的三角校正。

谁该承担这些不同的项目的问题没有一个简单的答案。整个项目包括识别利益相关者，开发一种价值类型学，价值观评估过程，价值评估和排序，以及随着更详细的评估，如果必要应由专业人员组织和管理。但是价值评估是一个团队项目，尤其是当使用一种REAP时。经验丰富的人种志学者和场地工作人员能更迅速和更容易地生成所需的数据。而且分析过程需要注重培训和定性分析技术的背景。另一方面，选民分析、人种语义学方法、REAP法的技术可以通过一系列的培训研习班学会。当地的参与者可以成为优秀的现场场地工作人员，REAP项目通常包括当地的合作者。事实上，承担REAP的关键部分是创建与当地社区联系。如果资金允许，最好的情况是组成一支由专业人员、人种志学者（数量将取决于语言要求）、两三个当地居民和想要成为价值评估项目的一部分专家组成的团队。居民们和专家们可以被人种志学者训练，以协助访谈和绘制地图，而人种志学者能从事团体访谈，小组讨论，并参与观察。有许多有用的专业知识的组合，并各自具有适应环境的实地发展，这本书的案例研究中已经展示了。

注释

1. 改编自 1982 年法律。

第九章　结论
——文化与差异的论断

威廉·H·怀特于 1970 年对一些小城镇空间进行了开创性研究，他的研究是如此清晰，并证实了纽约城市修正了分区、代码以反映出他的大多数建议。怀特的工作受到了来自同事们的启发而去探索公共空间的设计，而那正是一家贯穿着纽约都市及之外地方的，带给他方便使用、舒适以及用于沟通、受人欢迎的公共空间美景咨询公司。我们用这本书在研究组织中寻求扩展关于怀特所提出的舒适与活动问题之上的公共空间的语言。

我们意识到，一方面要探讨在公共范围内的舒适与活动，同时另一方面也要探讨种族、种族特征、阶级以及其独特性。然而困难的是个人组织从公共机构接管了大的公共空间方案、设计及管理工作，使得这些问题变得日益紧迫。威廉·怀特在纽约做的研究是私人建造与管理——即由公共使用大办公建筑的私人拥有者所提供的广场与其他空间。我们所考虑的是真正的公共空间，包括几十年前城市所修建的大型城市景观公园以及永久完全的公共空间。私人的主导与管理已经将一些这样的公园从被忽视与未经开发利用的条件下恢复过来。尤其是中央公园，成为在纽约公共公园皇冠上被修复的珍宝，对中央公园保护工作的高度成功予以致谢。而空间及修复和还原能够影响到其文化的均衡。引人注目的是，作为包容与大众的中央公园，现在与中央公园被保护之前是同样的吗？一些人不喜欢像这样的问题——如何敢提出这样一个问题：一个群体在一个令人热爱的公共空间里创造出如此美丽的成果？如果有些人不喜欢该怎么办？——要考虑到现在总体上有多少人到公园里来；因此争论还在进行。

我们并不是在争论回到 20 世纪 60 年代和 70 年代时期衰弱与危险的公园条件之下。我们建议公园爱护者群体通过到处不知疲倦的努力与保护，将城市公园从边缘发展带回来。我们希望在这里所做的是表现出保留那些令这些伟大空间成为真正城市文化多样性的重要部分。我们认为大多数公园倡导者分享着文化多样性公共空间的美景。我们也认为许多人不能理解重建与坚定而自信的管理技术能够解译阶级特权的象征，并且阻止甚至排除了许多有色人种、移民以及穷人和劳动阶级人民，而所有这些人都同支持公园保护的白人专业人士一样都应当在城市公共空间里受到欢迎。

论断归纳

我们归纳在公园和遗址中用以提升和支持文化多样性的六点论断，已经推论出我们的公园游览与研究方法，在第一章已介绍。在后面的讨论中我们重新强调每一内容并详细说明涉及我们研究领域的各种例子。

I.

如果人们在历史国家公园与纪念馆没有被体现，或者更重要的是他们的历史被抹去，他们将不会使用这个公园。抹掉并且随后不参与我们工作的传统例子是关联着国家独立历史公园的费城的非洲裔美国人。在那个例子中几个因素一致产生了作用，抹掉的不仅是符号标志，而且还将黑人社团从公园附近抹去了。根据1897年杜波依斯对于费城黑人的描述，现在公园的南部区域包含着历史上在费城的黑人居住者。协会山重新发展了设计以及联邦的土地获取和对公园本身的清除活动，于1950年转移了所保留的非裔美国社团，使之成为美国白人建立祖先的一个圣地。国家独立历史公园和邻近的协会山街区一起用殖民公园和上层街坊替代了一个并未消失的历史城市地带，居民在很大程度上为白人居民及游客。直到近几年，国家独立历史公园才对那些参与到国家建立的非白色人种或者妇女给予少许的重视。公园缺少标志去纪念那些重要的非洲裔美国人的贡献，如建筑独立宫（美国费城独立宫，独立宣言签字处）。参观者离开公园并未意识到非洲裔美国人在革命的时代期间曾居住于费城。

197　　在回顾这本书所研究的例子时，我们也看到了其他各种被消除的痕迹。在普罗斯佩克特公园里，最早的设计元素恢复导致了由于不具有充分历史性而抹去了公园材料结构的真实部分——不需要的建筑和设施，1930年的公园长凳以及不久之后1950年的溜冰场。所抹去的东西也包含着不能认识到或解释一个场地的社会用途。国家公园管理局运营雅各布·里斯公园时，并未注意到它对于长期确立的支持团体如同性恋社群、非洲裔美国人或爱尔兰裔美国人以及来自南布鲁克林村的意大利裔美国青年等群体的历史重要性。公园的罗伯特·摩西在限定管理者保护和使公园适应于流通需要的能力上是具有优势的，然而在历史上并未被标记或解释。那里没有记号、标识，或在里斯公园里关于摩西的展品，或是里斯本身，或是相关于1970年充满活力的快乐海岸与黑人海岸。数百万美元被花费于局部恢复摩西时代的海水浴场更衣室，但是那里仍然没有解释性的引导标志。许多参观者将会非常感兴趣于有机会了解更多关于海水浴场更衣室与海岸的历史。

II.

使用权也是关于作为文化与运输公园使用的经济与文化模式；由此当为所有社会群体提供使用权时，收入与参观模式必须被考虑。在埃利斯岛，生活在泽西城一英里外的贫困居民很少在那些具有代表性的旅行数百甚至数千英里至此的中产阶级参观者中被见到。为什么有色人种在公园或遗址基地缺乏代表性，其中原因之一就是上面讨论过的代表性问题。在缺席问题中经济状况是一个独立但相当重要的因素。当经济状况可以作为真正原因时，代表性不足有时被归因于文化模式。许多公园本身不需要门票费用，甚至是那些具有昂贵设施、项目和大量职员的公园（虽然许多公园收大车入门费）。埃利斯岛虽然是一个独立的自由地，然而参观者必须付一个昂贵的摆渡费到达那里。我们发现那是对于贫穷城市居民的一个重要障碍。文化模式也是重要的——因为独立，有色人种可能更少会对在埃利斯岛所讲述的欧洲移民故事和自由女神像感兴趣。即使如此，如果不是这么昂贵的话，人们至少还是会愿意去参观埃利斯岛，享受凉爽的微风，并且去亲近水源。

流通和运输有时会成为主要的问题：不适当的公共交通已经被认为是作为一个国家公园对城市居民潜在影响的最大障碍。大多数到达大门的公共交通是缓慢的，特别是在周末来访达到最高峰时。在埃利斯岛交通没有问题：渡船易于来往于曼哈顿岛和泽西城之间。在本案例中，消费水平是将穷人从参观者中过滤出来的主要因素。198

III.

多种组织的社会相互关系能够被通过为整个场所大空间内每一个人提供安全、适度的空间领域而得到保护和提高。公园管理者倾向于不考虑这些项目，关注的反而是资源的需要，即物质资源本身。我们已经作为管理者照管普罗斯佩克特公园很多年了，由于地方活动和地区使用规定之间的错配，努力去改变来自一定区域的使用者。因为历史设计包含着密集的周边种植，管理者通过过度的森林改造改变了许多以前开放的土地，以及由于技术改造留下了新的公园海岸，这种管理就曾限定了在范德比尔特（Vanderbilt）入口区域的野餐者。管理者也通过在做游戏的地方围起草坪区域和种植树木，而缩减了第 15 街附近的墨西哥移民排球场，而这正是因为历史设计要求生态景区的"通廊"。然而社会使用公园的需求足以克服这些挫折，并且人们在任何地方都能形成自身的领域。另一方面，如果管理者决定鼓励这些用途将会产生怎样的结果？管理者能够为打排球提供场地，可能是一个高度安全的地区，在那里打排球将不会导致损坏草坪。在里斯公园，作为我们在 2000 年研究的成果，公园服务已扩展到在后海滩的野餐设施，提供了更多的桌子和烤架，甚至遮阳棚。同时，公众希望在有树荫的地方野餐，这一直与保护景区道路，免于侵犯使用的历史保护需要相矛盾。因此，沿着林荫道树木繁茂的边缘保留着篱笆而不让野餐者进入。

IV.

社会阶级和种族群体使用以及评价公共场所的差异调和，对于作出承受文化和社会多样性的决定是首要的。公园所承担的多样性是整个城市承受多样性的重要组成部分。在佩勒姆湾公园奥查德海滩的旅游者大部分是拉美裔人，我们设想许多白人不去那里是因为他们觉察到它是拉美裔人的海滩。但是在使用者中也有一些白人，他们中一些人保留着一种感受，即公园在非高峰期是属于他们的，并且惠顾如猎人岛这样的偏僻地区。199

公园的管理者对于这些群体的需要已经很敏感了，如在第六章中所提到的例子，白人社区的年长者已被允许使用生态中心作为一种俱乐部。佩勒姆湾公园历史上最为突出的是存在于大规模政府计划与建设之间的对比，一方面，不同的使用组织在确立公园中的本地领土中扮演的角色——不仅通过循环的居住而且通过调整空间以满足他们的目标。这一历史包含着野营者保留帐篷殖民地以及园艺家承担他们自身的景观建筑。例如雅各布·里斯公园和得到更好资助的纽约邻近地，倾向于设计完整性的优先权，有时甚至以使用者的喜好为代价。佩勒姆湾和凡·科特兰公园缺少这种设计遗产，管理者有更多的自由让使用者欣赏公园的空间。

人们需要感觉到公共公园是为他们而设置的。当私有的管理者以礼貌的方式重新设计了公园，上层社会、穷人和有色人种可能会解读到有时候对于他们而言作为排斥的景观。在这点上，曼哈顿的巴特里公园与巴特里公园城市公园提供了一个特例。巴特里公园是纽约最古老的公园之一，已经是一个完全的公众公园，受到城市保护并且为各种公众所使用。紧邻着哈得孙河沿岸的是巴特里公园城，建立在过去 20 年被开拓的土地上。巴特里公园城市公园是由优秀的景观设计师所设计，并且保持着极高水平的由巴特里公园城所产生的税收回报。很明显，巴特里公园城市公园的存在加强了巴特里公园城对于占绝大多数的白人和非洲裔美国人、富裕居民和办公室承租者的吸引力。在 2002 年巴特里公园和巴特里公园城的研究计划中，我们观察到了一个在两个公园之间使用者的阶层与种族的显著不同。巴特里公园城不是封闭的，没有任何人被告知某种人不能进入。然而人们还是在景观中读到了排斥性的暗示。尽管在巴特里公园城邻近的公园是接近并相对舒适的，而且巴特里公园的工人阶级使用者——主要是非洲裔美国人与拉美裔美国人——在那里的大部分地区生活，却将巴特里公园城市公园的主要部分留给了曼哈顿富有的职业阶层。

200　**V.**

当代历史保护不应在没有修复吸引人们到公园来的设施与消遣的情况下去关注于重建景观特征。在佩勒姆湾公园我们发现在娱乐价值与历史保护二者之间是没有矛盾的，因为在奥查德海滩近几年的修复工作已经是娱乐设施。使得这些设施更加功能化地服务于社会与公园使用者的娱乐需要。普罗斯佩克特公园讲述了一个不同的故事——已被进行的恢复工作忠实于公园作为艺术工作的设计遗产。管理者已经恢复了公园中各种景观。包含着精心制作的世纪之交入口结构和伴随在一些周边区域的人行道。虽然主要目的是美学效果而不是提升社会活动，这些周边的修复还是令公园对所有人都更富于吸引力。

但是最大与最昂贵的修复片段，包含着在公园中心的如画般的水域特征与森林景观。这些区域的修复与至少两种社交活动相矛盾。1）几年来在一个特定时间限制了人们在修复地区的活动，只能允许沿着被圈定路线非常有限范围内的活动；2）不包含修复范围内的集合与集会区。管理者在修建中曾有所选择，优先于水景、林地山坡和乡村桥。许多地方被设计以吸引并为那些停留于此的人们提供住宿。奥姆斯特德和沃克斯在普罗斯佩克特公园独特的与如画般的景观自始至终都为大量游客提供了吸引力和舒适的聚会场所。我们认为包含着社会价值和美学与生态价值的重建对于原本的设计是真实的，并且也满足了历史保护的准则。

VI.

联系着文化意义的象征方式是能够培养促进文化多元性场所附加的重要内容。象征物本身是由参观社团建立起来的、用于参观过程的有代表性的气球、旗帜或者其他类似的视觉装置，在参观结束之后会将它们移去。如同在第六章中所展现的，这些象征性联系在确定文化景观方面是重要的，在许多情况下，对于陌生人而言，它们联系着一个朋友间共享的实体。它们也可以表示着对于不同身份陌生人的欢迎。

参观者常常将标语贴在旗帜上，这样的行为一般不能得到公园官方的认可。在普罗斯佩克特公园和佩勒姆湾公园，工作人员担心来自人们爬树造成的潜在危险，在树枝上来回摆动，并且在紧邻它们树干的附近点燃篝火烧烤食物，而将旗帜或者生日晚会的气球系在树枝上是更小限度的担心。在里斯公园，管理者曾警示参观者对树木的使用，特别是那些给树造成更大压力的使用：附加重量的防水布作为遮阴，或者是在树枝间加上吊床。相对于普罗斯佩克特公园和佩勒姆湾公园的阔叶木，被种植于里斯公园沙地上的黑松树是小树，它们曾遭到破坏。这样里斯公园的树由于这些来自生态与行为的非常规压力而变得枯萎。

永恒的文化象征完全是另外一个事物。它们是一些行规的传统公园如独立城和埃利斯岛，公园的管理者保留着这种象征性论述的控制。例如种族群体和妇女象征性表达的问题，但是除了国家公园管理局，还没有一个其他的部门建造或表现永久的象征与标记。如同我们曾经看到的，在娱乐公园内有更多的活动范围，特别是一些喜欢布朗克斯公园的人从未感受到整体的设计。无疑20世纪早期在佩勒姆湾公园持续时间较长的德国帐篷殖民地，已被使用作为象征性表达——帐篷本身可能就是一面旗帜——传达着关于身份与领土权的信息。

普罗斯佩克特公园，虽然具有一个著名并令人羡慕的防护设计，有两个被使用者或多或少永久性、象征性的文化表达的有趣例子。这些是鼓手们的循环和海地固有音乐的循环，二者均坐落于公园东边的湖岸附近。两个地点最初都是由来自附近社区的公园使用者所创造的。鼓手们的循环沟通了包含泛非洲以及对所有人的欢迎。海地的循环似乎是一种对当地的文化象征；其焦点元素，被当地民间艺术家所雕刻的象征性树桩 Gran Bwa[1]，仅仅能被那些群体范围内的人所理解。

普罗斯佩克特公园曾允许使用群体将这些材料改变用于公园的空间。我们在这一方向上进一步督促公园管理者，与这些使用群体分享公园文化解释的特权并诠释于景观中的铭记。

在国家与当地公园中的人种志

公共空间的人种志是一个从当地娱乐公园到国家文化遗产公园，在各种环境中有价值的工具。国家公园管理局有一个人种志的计划来研究在国家资源与使用者联系之间的关系。这样做的逻辑就会变得很清楚，一旦人类学家意识到在美国西部的本土社区与公园资源（在许多例子中，神圣的土地）之间具有不间断的文化联系，这种行为逻辑就会变得非常清晰。由此认识到，在一些以任何方式破坏这些地方的物质构造计划或项目前，理解这种关系是非常重要的。

在诸如本书中所讨论的那些复杂的城镇环境中，认识这些文化关联是更为困难的。公园资源常常是被构想、可改变的，并且是功利主义的，而不是古朴的和引人敬畏的自然景观。相类似地，多元文化的一致，多元－文化城镇社区，在不断的城镇生活变迁中可能不会特别依赖于特定位置。人们的迁移与邻里的改变；在一代人种是如此永恒的工业与商业机构可能会在下一代中消失。

在住所问题上，人们仍然保持着居住场所的社会人类形成社区，住所越有改变，人们就越去寻求常见的保护区和类似的景观。在城镇中变化的市场驱动力与人们努力使事物保持原状，二者之间存在着持续的矛盾。私有财产不断受到公共要求的影响象分区、历史保护和环境作用的评价以及通过抗议、反对和邻避主义[2]等来保持稳固。关于共有财产的决定是更加有异议的——见证公众对于那些突出问题的讨论气息，如更换世界贸易中心，华盛顿广场的纪念碑，独立钟移动等。请求保护如同普罗斯佩克特公园的公共景观采用了重建的形式和它以前景观建筑的理想版本。这些对于公共场所的附属物是各种各样与强大的。通过考察各种公共场所，我们开始了解场所附加物的深度与范围。

在本书中所考证的国家与市政公园，在它们的特色与管理者的关系中是不同的，必须要进行人种志的研究。虽然公园管理处考古学的关注是失色的，所采用的人种志计划是很好被确立并积极的。在纽约市和其他地区的市政公园机构缺少这样一种被确立采用的人种志调查装备。如同在本书中早期被讨论的，一些城市公园——那些有它们自身管理者的——不时地进行使用者的调查，征求他们对于公园服务的意见。文献表明在其他的美国城市，著名的芝加哥与在中西部的其他地区，在市政公园里有一种社会使用者的研究传统。

203　不同公园类型

不同类型的公园具有不同的特性和目的。市政公园主要提供娱乐，国家公园则是要保护并展示对于国家认同至关重要的各类场所。黄石与其他许多自然公园保护了具有象征性的景观。许多爱国与历史的主题体现在伟大的西部公园之中：发现和探索，征服，边境与向西部的扩张，自然与荒地的价值，国家的伟大，固有的个人主义等等。虽然它们涉及建筑环境，国家遗址公园，像国家独立历史公园和自由女神以及埃利斯岛国家纪念碑，具有保护国家象征与用历史事件教育公众的类似使命。把这种场所称为"公园"几乎是一个误称；它们是教育的遗产场所，而对于传统公园应具有的休闲娱乐作用则基本不具备。

盖特韦国家娱乐地区属于第三类公园，它是一种国家与市政公园的混合物，保护着具有国家意义的资源，但是也作为市政公园职能提供给休闲娱乐。其他本类型的例子是金门国家娱乐区和波士顿港岛国家娱乐区。这些公园将国家公园系统资源带给那些本来很难体验到国家公园的城镇人口。作为物质空间，它们非常有别于传统的市政公园和国家公园。它们并非从一个单一而连贯的空间形成为公园，而是由多个离散的处所组合形成，其中包括大量军事设施、自然保护区，以及一些此前由当地公园经营的场所。至少在盖特韦，公园中还散落着一些住户，比如罗克韦半岛西端的布里奇波恩特合作居住社区。实际上，这些人住在了公园里，而邻近住宅的那些公园用地也可以算作社区领地。

公园设计

这种更为引起歧义的设计，间断的公园空间点缀着被建立起的社区，正逐渐成为新公园发展特色。相反，纽约公园发展的传统例子是中央公园，在那里城市采用一个对于领土单独部分的主题，驱逐了居住者，将它范围内所有城镇使用土地夷为平地，然后修建了公园。普罗斯佩克特公园以同样的方式被发展起来。今天，被驱逐的居民与商业，更不用说整个社区，不可能创造一个政治与伦理上的公园。取而代之，公园被环绕着存在的社区建立起来。在法尔岛国家海滨，国家公园管理局给法尔岛特定正在开发中的土地冠以主题，将它们作为开放的空间。在国立科德角海滨乐园，许多先前存在的私人居住者仍然居住于公园的领土区域内，但是没有其他的土地能够被发展作为个人居住用途。在特拉华峡谷国家娱乐区拥有很少的土地，取而代之的是提供了一个计划与管理图纸，目的是提供各种娱乐的机会，并且保护富有特色的历史景观区免于受到不合理开发。

这些计划曾经被运用于不同寻常的景观评价，因为在法尔岛和科德角，以及对于那些具有历史景观与历史文化的资源，例如特拉华峡谷国家娱乐区。与之类似，在马萨诸塞州的民兵国家历史公园，保留着联系新英格兰工业革命河流峡谷的历史特色。在黑石河谷，公园管理局的角色主要是设计、监管、公共教育与管理，而不是土地所有权与经营。

佩勒姆湾和凡·科特兰公园二者都是 19 世纪末期在纽约城被发展起来的，基本上追随着中央公园的模式，而没有保存这个相对大的区域单独作为公园使用的强制性逻辑。作为结果，公园就不能被视作一个独立、完整的公园空间。特别是凡·科特兰，曾失去了它所计划的对于紧急路面修筑和水供应发展的空间完整性。如果这些公园是近期开发的，我们臆测这些公园会采用最新的不连续公园的地块模式，以符合先前的居民和其他城市使用者。

资助和服务于公园使用者的政策

国家公园在运作上与市政公园有很大区别。国家公园有联邦政府基金，很少依赖并回应于当地的政治条件。许多市政公园依赖于当地公共基金；甚至是像普罗斯佩克特公园这样的公园，私有化的管理提升了许多公园费用，主要来源于公共基金资源。如果公园对于当地赞助者是重要的，重建与运作的资金将会被资助。例如，纽约市的公园与娱乐管理部门，创办了用于佩勒姆湾公园奥查德海滩的不少娱乐基础设施的修复基金。

雅各布·里斯公园和奥查德海滩二者都是由罗伯特·摩西在大萧条期间修建的。在 20 世纪 60 年代与 70 年代，因为这些海滩失去了它们原有的白人阶层支持者，它们便失去资助并且变得衰落了。在新的盖特韦国家娱乐区内包含里斯公园，似乎是对于雅各布·里斯公园问题的解决方式，但是根据本书中的解释（第二章，第五章），在国家公园系统中包含雅各布·里斯公园，尚未在革新这个城市公园中取得成功。

在雅各布·里斯公园和奥查德海滩之间的对比也描述了不同管理结构如何对应于使用者中正在改变的人口。作为一个国家公园的单位，雅各布·里斯公园反映了在其计划过程中国家公园系统的优势。在单独的人种志研究当中，盖特韦对于雅各布·里斯公园与其他公园单位在 1955 年委托了一个需求评估，随后在 2000 年通过 REAP 我们对雅各布·里斯公园进行管理。国家公园管理处对于保护历史文化资源也有严格的创新标准。但是雅各布·里斯公园的公园管理局专业人员在使公园适应于当前的流通使用需要方面曾遇到困难。问题的一部分可以归结于历史的景观保护管理，一部分可以归因于国家公园管理处采用的复杂政策、规定与运行过程中的步骤等僵化管理结构。

市政公园，大部分来讲，对于改变使用者需求的反应表现得更为灵活。举例来讲，在佩勒姆湾公园，将拉美裔公园使用者的文化表达视为公园特征部分，这样一些事物得到了鼓励与支持。在此公园的管理部门在使奥查德海滩呼应于当地文化传统方面是现实与灵活的。

人种志观点及其对公园研究的作用

文化概念的理解对于理解公园的人种学是重要的，但是文化常常会被误解为一种复杂的思想。对一些人来讲，在文明社会里作为高级艺术与生活文化是概念化的。在这个范例中，一些人比其他人被认为更有文化；在城市中的少数人与边缘化人口倾向于被视作在他们所拥有的文化中是存在缺陷的，并且由于这种方式而受到限定。

一个可替代的观点是将文化视作一种价值、实践与在特定环境下被雇用生存生活方式的抽象组团。理解这些当地的信仰与实践可以使一个人描绘并分析作为不同于其他文化群体的日常生活经历。从这一分析中可能去领会为何一些文化群体以一种方式使用公共空间，而其他人用另一种方式使用。在第二种模式中被限定的文化概念在大城市公共空间中提供了文化多样性的存在与动态线索。

文化人种志是一个方法学，关注于多样化群体对于使用公园资源的角度与方法的文化角色。人种学研究方法，例如参与观察和非正式采访揭示了访问者群体不一定能被其他技术所获取的价值和行为。通过在自然中观察每天的状况，可以去发现对于当地文化群体和个人使用者重要的分类、先后次序排列系统、文化框架以及意义系统。例如，通过对越南与那些生活在独立国家历史公园的居民进行深层采访与组织讨论，独立钟的出现被赋予新的文化意义。我们了解到越南裔美国人看待它作为有缺陷的记忆和文化的傲慢，然而同时他们也看待它作为一种殖民地独立与自由，并将它们联系于自身的殖民斗争。

研究者与参观者通过参与观察分享经历发现文化组织的意义系统。参与观察，是对于进行人种志研究，了解被视为本地或可选择性知识形式的关键方法，不同于被提供的调查表或组织的面试。当其被合并于开放的面试，人种志研究能够使研究者理解参观者的言语表达和相应实际行为的程度。例如，在雅各布·里斯公园后滩区域的采访过程中，拉美裔移民参观者常常被限制他们对于公园管理的批评及改善建议。他们经常赞扬公园及其资源。但是，烧烤通过使用废物箱作为烧烤炉，在草地上乱扔煤炭，在树上抛掷纸板作为遮阳途径，而打破了公园的规则。经过的管理者会告诉参观者熄灭他们的燃火并拆除非正式的遮阳棚。但是当管理者离开这个区域后，野餐者将重新点燃篝火并重置他们的人工遮阳设施。显然，参观者的需要和愿望与公园的规则和管理是不同的。他们所公开表明的对公园的积极观点和随后反对公园规定与规则的行为是背道而驰的。可能他们所说的与所做的区别反映了他们对公园管理的不信任，他们认为自己的建议没有被认真地考虑。这种分离没有参与观察将不会被发现。这样，在公园、海岸、文化遗产地区的人种志研究，表现为一种参观者群体和他们具有冲击性文化价值与行为更为复杂的画面。

人种志研究也反映了人们和他们通常不被看到与听到的呼声。积极的社区成员知道如何参与，而新来到城市的人却常常不知道，或者不能肯定他们所关心的事情将会被意识到。当信息在公园使用者及他们每天经历的人种志画面关系范围内被传播，管理者便能够开始设想他人的经历并改进他们结构的关系。在独立城的例子中，管理者惊奇地了解到非洲裔美国人和亚裔美国人感觉到从公园里被排斥出来。一位管理者说，"听到参观者的引证就像是矛刺进了我的心里。"许多管理者被深入地和个别地投入到他们的工作之中。对此积极的方面是他们关注于自己的工作并且竭尽全力作出改变以提高参观者的体验。然而这种个人的投入倾向于他们对于公园所发生事情的理解，并且参观者对于他们真诚工作的批评，也给管理者带来了心理上的伤害。人种志的研究能够帮助管理者理解潜在偏见并且/或者肯定他们的轶事证明及更有系统地在收集证据的基础上对于公园的洞察力。它能够帮助管理者看待和消化在计划开始之前一直未能意识到的信息。

最后，人种志促进一种关心和考虑公园管理者与使用者之间的社会思潮。进行人种志研究要求发展人们之间的关系。好的人种志限定委托者与研究者相互间的信任。研究者倾向于更深地关注于人们的故事与经历，公园的参观者常常会感激被聆听的机会和产生差异的可能性。伴随着在公园进行的这种改变，公园使用者和管理者深化了他们影响公园的意识。人种志有助于将公园打造为一个人们与管理者共同关注其环境的场所。

多元文化的重要性

在回顾理论的发展与维护第一章所讨论的文化多样性基本原理中，我们发现所有理论和道德工作均已经被借鉴。许多研究者赞同我们使用"社会的承受性"并且进一步分析了在公园发展生态方面的重要性。盖伦 · 克兰茨和迈克尔 · 博兰（2003）对于克兰茨最初的公园改革阶段增加了第五种公园类型，来包含"生态的公园"，公园管理者关心利用可更新资源，自我满足，创造一种可承受的生态系统，并了解关于自然环境。虽然克兰茨和博兰使用术语可承受性去表明公园维护和连续性的自然系统，他们认为由于包含多样人群和文化组织，社会承受能力是这个模式的一部分，可能将会有第六种公园模式，"文化多样性公园"管理要考虑文化与社会承受性、社区参与性，以及使用者的需要和愿望。甚至，当我们限定对于当代公园发展的理解，文化多样性和生态模式可能会融合为一体。文化多样性的概念是"有效的"，可以被克兰茨和博兰的生态模式延伸，在此生物的多样性扮演着一个重要的角色。在本书中所讨论的城市公园，普罗斯佩克特公园与佩勒姆湾二者依据它们努力保持自我满足，提高自然生态进程，适应于所有使用者并鼓励来自多样化人群的参观等特点，可以被划分作为被推荐的"生态的"或"社会可承受的"公园类型代表。

依据于我们在普罗斯佩克特公园的工作，雅各布 · 里斯公园以及奥查德海滩，我们也发现在公园范围内的社区参与和授权是创造公民权与政治权的基本成分。不管是否拉美裔移民与公园管理者斗争在雅各布 · 里斯公园寻求更多的野餐空间和桌子，或者老前辈在佩勒姆湾公园承继生态中心作为他们自己的。我们发现这些具有特殊关怀场所的承诺产生了更多包含的社团和一种更强烈的民族与当地特征感。罗宾 · 巴奇恩（Robin Bachin）认为历史公园作为"分享公民空间允许不同种族群体使用当地公园来表达他们的继承和传统，但是也提供了一个种族差异能够被克服的地区" 巩固了新的关系（2003，16）。可以明确的是，即使是今天，城镇公园仍然是新兴市民通过公园的行为与参与，了解关于共存、合作与容忍的场所。

文化性质权利与伦理所关注的谁的历史应该被在公园景观中解释问题，主要出现在如独立城和埃利斯岛的国家公园里。历史手工艺品和在费城闹市区神圣的非洲裔美国人墓地的消除以创造殖民地独立公园是一个文化所有权论述能够有益于实现未来适当补救的例子。但是文化性质权利的论证没有被公园管理者或社区被访问者所直接采纳。

另一方面，非洲裔美国人和犹太裔美国人作为在独立城被访问者，当说出他们被从公园和其解释中被排斥的感觉时，总结了不和谐传统与政治意图的观念。非洲裔美国人想知道是否他们在独立宣言签署的殖民地工作奴隶史，在白人殖民者解放的时刻缺少公民权的历史，在木匠厅自由的黑人角色史，这是一些（白人）美国人想要忘却的历史。发生在独立城被剥夺继承权，有意识地忽视可耻的历史，可以被在第一章节所讨论的腾布里奇和阿什沃思（1996）及肯尼斯·福特（1997）的理论作品所解释。

最后，我们发现文化价值作品提供给我们最实际的理论和方法论来支持多元文化的重要性。价值曾主要通过兰德尔·梅森（2002）和玛塔·德·拉托瑞（2002）在关于历史保护及遗产公园中被讨论，但是他们的贡献依赖于我们研究与分析的核心。塞萨·洛是一名早期参与这些讨论的人，并且在过去的十几年呈现了许多这样的作品给她的同僚。在埃利斯岛大桥提议、普罗斯佩克特公园和一定程度上佩勒姆湾公园的例子中，主要依赖于文化价值作为对于文化行为与偏好的解释性框架。

公园和民主

这本书是关于保护和维持一个吸引、支持与表达多元文化的城镇公共领域。在我们所拥有的纽约城，我们发现在这个城市中心许多空间已不再充满这样的目标。在运动之间改变维护个人组织与扩展的监督及在9·11时代之后其他的安全措施等职责，美国公共空间的社会与文化多样性已经缩减。更大的公园，大部分在城市中心之外，目前保持着对于多样化使用群体的热情。我们努力地展现在多种环境下包含与排斥的各种方法。这些方法启迪我们去提高公园如何发挥将人们联系在一起的功能意识。

这是一种旧思想。伟大的景观建筑师弗雷德里克·劳·奥姆斯特德在公园设计意图方面进行了广泛的演说与著述。公园应该使城市更为健康，并且对厌倦与谨慎的居住者发挥安抚作用。一个好的公园系统设计应该提供高质量的城镇发展框架。然而奥姆斯特德的主要目的是提供一个汇集之地，民主社会的多样化市民能够聚集在一起。奥姆斯特德认为一个复杂的志愿者网络和娱乐的社会活动，以及这些活动所培养的关系，是一个民主社会至关重要的基础。图书馆、读者群、体育馆、运动俱乐部、划船俱乐部、球类俱乐部都是这类交流关系的例子——今天常常被称为社会资本。奥姆斯特德认为公园是一个会发生很多这种联系的富饶社会空间。在他看来，具有不同背景下的人们能够相遇，不需要像出现在拥挤的城镇环境中那样小心翼翼与怀疑，而应拥有一个宽松、广阔、绿色的环境，这是很重要的（Gopnick 1997；Olmsted 1997）。

在其中心公园的社会历史中，罗森茨魏希和布莱克默（1992）支持提供民主空间用于"社交娱乐"是奥姆斯特德最终目标这一观点。中心公园是"纽约最大的人种混合与阶级之间汇集之地"（Rosenzweig and Blackmar 1992，475），因为它能将不同类型的人置于一个友好的环境之中。

当人口由于移民再次膨胀，今天问题不是如此不同。但是今天城市离心的膨胀缺少了19世纪空间的凝聚力：人们散布在广泛的大都市交接区域并且不是通过街道、广场、教堂和客栈，而是通过公路与电信线路被联系在一起，甚至比起在奥姆斯特德时代，大公园和海滩对于能够将多种群体组织在一起是如此的重要，奥姆斯特德认为，他们能够在一个开放与有魅力的气氛中相互偶然遇到。文化多样性是一个新术语但是它表达了旧思想、平民化水平，社团相互接洽人群的民主构成。在这里公园与海滩被调查的类型为民主社会基本社会活动提供了重要的环境。

注释

1. Gran Bwa 是一种被当地艺术家象征性雕刻的树桩。它处于海地艺术家贯穿 20 世纪 90 年代日志圈的中心位置。树桩现在已经腐烂了，雕刻完全被丢失了。
2. Nimby 表达，用于"不在我的后院"，是意指拒绝所有新发展的广义观点。

参考文献

Abate, Tom. 1992. Environmental Rapid-Assessment Programs Have Appeal and Critics: Are They the Domain of the Conservation Elite? *BioScience* 42:486–489.

Altman, Irwin, and Setha M. Low. 1992. *Place Attachment*. New York: Plenum Press.

Bachin, Robin F. 2003. Cultivating Unity: The Changing Role of Parks in Urban America. *Places* 15 (3): 12–17.

Barlett, Peggy, and Geoffrey W. Chase. 2004. *Strategies for Sustainability: Stories from the Ivory Tower*. Cambridge: MIT Press.

Bean, Lowell J., and Sylvia B. Vane. 1987. Ethnography and the NPS: Opportunities and Obligations. *CRM Bulletin* 10 (1): 34–36.

Beebe, James. 1995. Basic Concepts and Techniques of Rapid Appraisal. *Human Organization* 54:42–51.

Bennett, John W. 1968. Reciprocal Economic Exchanges among North American Agricultural Operators. *Southwestern Journal of Anthropology* 24:276–309.

Blacoe, Joanne, Anna C. Toogood, and Sharon Brown. 1997. African-American History at Independence NHP. *CRM Bulletin* 20 (2): 45–47.

Blockson, C. L. 1992. *Philadelphia's Guide: African-American State Historical Markers*. Philadelphia: Pearl Pressman Liberty.

Borrini-Feyerabend, Grazia. ed. 1997. *Beyond Fences: Seeking Social Sustainability in Conservation*. Gland, Switzerland: IUCN.

Brill, Michael. 1989. Transformation, Nostalgia, and Illusion in Public Life and Public Space. In *Public Spaces and Places*, ed. Irwin Altman and E. Zube, 7–29. New York: Plenum Press.

Caro, Robert. 1974. *The Power Broker: Robert Moses and the Fall of New York*. New York: Vintage Books.

Carrier, James. 1993. Rituals of Christmas Giving. In *Unwrapping Christmas*, ed. Miller and Daniel, 55–74. Oxford: Clarendon Press.

Cheek, N., and W. R. Burch. 1976. *The Social Organization of Leisure in Human Society*. New York: Harper and Row.

Cohen, Yehudi. 1968. *Man in Adaptation*. Chicago: Aldine.

Cranz, Galen. 1982. *The Politics of Park Design: A History of Urban Parks in America*. Cambridge: MIT Press.

Cranz, Galen, and Michael Boland. 2003. The Ecological Park as an Emerging Type. *Places* 15 (3): 44–47.

Crespi, M. 1987. Ethnography and the NPS: A Growing Partnership. *CRM Bulletin* 10 (1): 1–4.

Cruikshank, Ken, and Nancy Bouchier. 2001. The Heritage of the People Closed against Them: Class, Environment, and the Shaping of a Summer Playground for Hamilton, the Burlington Beach, 1870s–1980s. *Urban History Review* 30:40–55.

Cushing, Elizabeth Hope. 1988. "So Near the Metropolis": Lynn Woods, a Sylvan Gem in an Urban Setting. *Arnoldia* 48 (4): 37–51.

Cutler, P. 1985. *The Public Landscape of the New Deal*. New Haven: Yale University Press.

de la Torre, Marta, ed. 2002. *Assessing the Values of Cultural Heritage*. Los Angeles: The Getty Conservation Institute.

Domosh, M. 1996. *Invented Cities: The Creation of Landscape in Nineteenth-Century New York and Boston*. New Haven: Yale University Press.

Edgerton, R. 1979. *Alone Together: Social Order on an Urban Beach*. Berkeley: University of California Press.

Eliot, C. W. 1999. *Charles Eliot: Landscape Architect*. Amherst: University of Massachusetts Press.

Ervin, Alexander M. 1997. Trying the Impossible: Relatively "Rapid" Methods in a City-wide Needs Assessment. *Human Organization* 56:379–387.

Feather, N. T. 1992. Values, Valences, Expectations, and Actions. *Journal of Social Issues* 48:109–124.

Floyd, M., K. J. Shinew, F. McGuire, and F. Noe. 1994. Race, Class, and Leisure Preferences: Marginality and Ethnicity Revisited. *Journal of Leisure Research* 26, 158–173.

Foote, Kenneth E. 1997. *Shadowed Ground: America's Landscapes of Violence and Tragedy*. Austin: University of Texas Press.

Foresta, R. 1984. *America's National Parks and Their Keepers*. Washington, DC: Resources for the Future, Inc., Johns Hopkins University Press.

Gantt, Harvey. 1993. Reassessing Our Agenda. *Preservation Forum* 7 (1): 6–11.

Gobster, P., and A. Delgado. 1993. Ethnicity and Recreation Use in Chicago's Lincoln Park: In-Park User Survey Findings. *Managing Urban and High-use Recreation Settings*. North Central Forest Experiment Station, USDA Forest Service.

Gopnick, A. 1997. A Critic at Large: Olmsted's Trip: How Did a News Reporter Come to Create Central Park? *New Yorker,* March 31, pp. 96–104.

Graff, M. M. 1985. *Central Park, Prospect Park: A New Perspective*. New York: Greensward Foundation.

Graham, B., G. J. Ashworth, and J. E. Tunbridge. 2000. *A Geography of Heritage: Power, Culture, and Economy*. London: Arnold Publications.

Greiff, Constance M. 1987. *Independence: The Creation of a National Park*. Philadelphia: University of Pennsylvania Press.

Haglund, K. 1993. *Inventing the Charles River*. Cambridge: MIT Press.

Hannerz, Ulf. 1996. *Transnational Connections: Culture, People, Places*. London: Routledge.

Harris, Kari J., Norge W. Jerome, and Stephen B. Fawcett. 1997. Rapid Assessment Procedures: A Review and Critique. *Human Organization* 56: 375–378.

Harrison, Barbara. 2001. *Collaborative Programs in Indigenous Communities: From Fieldwork to Practice*. Walnut Creek, CA: Altamira Press.

Hayden, Dolores. 1990. Using Ethnic History to Understand Urban Landscapes. *Places* 7:11–37.

———. 1995. *The Power of Place*. Cambridge: MIT Press.

Hayward, Jeff. 1989. Urban Parks: Research, Planning, and Social Change. In *Public Spaces and Places,* ed. I. Altman and E. Zube, 193–216. New York: Plenum Press.

Heckscher, August. 1977. *Open Spaces: The Life of American Cities*. New York: Harper and Row.

Holleran, Michael. 1998. *Boston's "Changeful Times": The Origins of Preservation and Planning in America*. Baltimore: Johns Hopkins University Press.

Howell, Benita J. 1987. Folklife in Planning. *CRM Bulletin* 10 (1): 20–22.

Hutchison, R. 1987. Ethnicity and Urban Recreation: Whites, Blacks, and Hispanics in Chicago's Public Parks. *Journal of Leisure Research* 19 (3): 205–222.

Huxtable, Ada L. 1997. *The Unreal America*. New York: The New Press.

Jackson, J. B. 1984. *Discovering the Vernacular Landscape*. New Haven: Yale University Press.

———. 1997. *Landscape in Sight: Looking at America*. New Haven: Yale University Press.

Johnston, Chris, and Kristal Buckley. 2001. Communities: Parochial, Passionate, Committed, and Ignored. *Historical Environment* 15 (1–2): 88–96.

Johnston, Chris, and Annie Clarke. 2001. *Taking Action: Involving People in Local Heritage Places*. Canberra: Australian National University.

Joseph, Rebecca. 1997. Cranberry Bogs to Parks: Ethnography and Women's History. *CRM Bulletin* 20:20–24.

Karp, Ivan. 1992. Introduction: Museums and Communities: The Politics of Public Culture. In *Museums and Communities: The Politics of Public Culture,* ed. Ivan Karp, Christine M. Kreamer, and Steven D. Lavine, 1–17. Washington: Smithsonian Institution Press.

Kent, Susan. 1984. *Analyzing Activity Areas: An Ethnoarchaeological Study of the Use of Space*. Albuquerque, NM: University of New Mexico Press.

King County Landmarks and Heritage Program. 1999. *Community Cultural Planning for Heritage Organizations*. Seattle: King County Office of Cultural Resources.

Kornblum, William. 1975. Special Study. *The 1974 Summer Season: Gateway National Recreation Area, New York–New Jersey*. Denver: National Park Service.

Kumar, Krishna. 1993. *Rapid Appraisal Methods*. Washington: World Bank.

Landscape Architecture. 1998. The Park Process: Master Plan for Forest Park, St. Louis. *Landscape Architecture*, January 1998, 26, 28–31.

Lane, Frenchman, and Associates, Inc. 1992. *Cultural Landscape Report, Jacob Riis Park*. Washington: Denver Service Center, National Park Service, U.S. Department of Interior.

Lawrence, Denise, and Setha M. Low. 1990. The Built Environment and Spatial Form. *Annual Review of Anthropology* 19:453–505.

Lefkowitz, Joel. 2003. *Ethics and Values in Industrial-Organizational Psychology*. Mahwah, NJ: Lawrence Erlbaum Associates.

Liebow, E. 1987. Social Impact Assessment. *CRM Bulletin* 10 (1): 23–26.

Loukaitou-Sideris, Anastasia. 1995. Urban Form and Social Context: Cultural Differentiation in the Uses of Urban Parks. *Journal of Planning Education and Research* 14:89–102.

Loukaitou-Sideris, Anastasia, and Gail Dansbury. 1995–1996. Lost Streets of Bunker Hill. *California History* 74 (4): 394–407, 448.

Low, Setha. 1981. Anthropology as a New Technology in Landscape Planning. In *Proceedings of the Regional Section of the American Society of Landscape Architecture*, ed. J. Fabos, 125–134. Washington, DC: American Society of Landscape Architecture.

Low, Setha. 1982. Social Science Methods in Landscape Architecture Design. *Landscape Planning* 31:37–48.

———. 1987. A Cultural Landscapes Mandate for Action. *CRM Bulletin* 10 (1): 30–33.

———. 1992. Symbolic Ties that Bind. In *Place Attachment*, ed. Irwin Altman and Setha M. Low, 165–185. New York: Plenum Press.

———. 1994. Cultural Conservation of Place. In *Conserving Culture: A New Discourse on Heritage*, ed. Mary Hufford, 66–77. Chicago: University of Illinois Press.

———. 2000. *On the Plaza: The Politics of Public Space and Culture*. Austin: University of Texas Press.

Low, Setha M., and I. Altman. 1992. Place Attachment: A Conceptual Inquiry. In *Place Attachment*, ed. Irwin Altman and Setha M. Low, 1–12. New York: Plenum Press.

Low, Setha M., and W. Ryan. 1985. Noticing without Looking: A Methodology for the Integration of Architectural and Local Perceptions in Oley, Pennsylvania. *Journal of Architectural Planning and Research* 2:23–22.

Low, Setha M., Dana Taplin, and Mike Lamb. 2005. Battery Park City: A Rapid Ethnographic Assessment of the Community Impact of 9/11. *Urban Affairs Review:* 655–682.

Lubar, Harvey. 1986. Building Orchard Beach. *Bronx County Historical Society Journal* 23 (2): 75–83.

Macintyre, Kate. 1995. The Case for Rapid Assessment Survey for Family Planning Program Evaluation. Annual Meeting of the Population Association of America.

Mackintosh, Barry. 1991. *The National Parks: Shaping the System*. Washington: National Park Service, U.S. Department of the Interior.

Manderson, Lenore. 1997. *Population and Reproductive Health Programmes: Applying Rapid Anthropological Assessment Procedures*. New York: United Nations Population Fund Technical Report.

Manderson, Lenore, and Peter Aaby. 1992. An Epidemic in the Field? Rapid Assessment Procedures and Health Research. *Social Science and Medicine* 35:839–850.

Marlowe, Gertrude W., and Kim Q. Boyd. 1987. Maggie L. Walker. *CRM Bulletin* 10 (1): 9–11.

Mason, Randall. 2002. Assessing Values in Conservation Planning: Methodological Issues and Choices. In *Assessing the Values of Cultural Heritage*, ed. Marta de la Torre, 5–30. Los Angeles: The Getty Conservation Institute.

Mitchell, Joan. 1987. Planning at Canyon de Chelly National Monument. *CRM Bulletin* 10 (1): 40.

National Park Service. 1994. NPS-28. *Cultural Resource Management Guideline: Applied Ethnography Program*. Washington: U.S. Department of the Interior.

National Park Service. 1995. *Draft General Management Plan, Environmental Impact Statement: Independence National Historical Park, Philadelphia*. Washington: U.S. Department of the Interior.

National Park Service. 2000. *Applied Ethnography Program*. Washington: U.S. Department of the Interior.

Netting, Robert M. 1993. *Smallholders, Householders: Farm Families and the Ecology of Intensive, Sustainable Agriculture*. Stanford: Stanford University Press.

Newton, N. 1971. *Design on the Land: The Development of Landscape Architecture*. Cambridge, MA: Belknap Press.

New York City Parks and Recreation Department. 1986. *Pelham Bay Park: History*. New York.

Olmsted, F. L. 1997. Public Parks and the Enlargement of Towns, February 25, 1870. In *The Papers of Frederick Law Olmsted*, supplementary series, ed. C. Beveridge and C. Hoffman, Baltimore: Johns Hopkins University Press.

Pavlides, E., and J. E. Hesser. 1989. Vernacular Architecture as an Expression of Its Social Context in Eressos, Greece. In *Housing, Culture, and Design: A Comparative Perspective,* ed. Setha M. Low and E. Chambers, 357–374.

Philadelphia: University of Pennsylvania Press.

Phelts, Marsha D. 1997. *An American Beach for African Americans*. Gainesville: University Press of Florida.

Pierre-Pierre, Garry. 1993. A Neighborhood Changes, but Deep-Rooted Residents Remain. *New York Times,* May 30.

Proshansky, H. M., A. K. Fabian, and R. Kaminoff. 1983. Place-Identity: Physical World Socialization of the Self. *Journal of Environmental Psychology* 3:57–83.

Prospect Park Alliance. 1995. *Annual Report*. Brooklyn, NY.

Rapoport, A. 1982. *The Meaning of the Built Environment*. Beverly Hills: Sage Publications.

Richardson, M. 1984. Place, Experience, and Symbol. *Geoscience and Man* 241 (3): 63–67.

Rosenzweig, R., and E. Blackmar. 1992. *The Park and the People: A History of Central Park*. New York: Henry Holt and Co.

Rymer, Russ. 1998. *American Beach: A Saga of Race, Wealth, and Memory*. New York: HarperCollins.

Sarkissian, Wendy, and Donald Perlgut. 1986. *Community Participation in Practice: Handbook*. 2nd ed. St. Kilda, Australia: Impact Press.

Schensul, Stephen L. 1985. Science, Theory, and Application in Anthropology. *American Behavioral Scientist* 29:164–185.

Schnitz, Ann, and Robert Loeb. 1984. More Public Parks! The First New York Environmental Movement. *Bronx County Historical Society Journal* 21 (2): 51–63.

Scott, Catherine. 1993. A Salute to Rodman's Neck. *Bronx County Historical Society Journal* 30 (2): 51–60.

———. 1999. *Images of America: City Island and Orchard Beach*. Charleston, SC: Arcadia.

Sims, James W. 1986. Tent City at Orchard Beach. *Bronx County Historical Society Journal* 23 (1): 5–7.

Smith, Neil. 1996. *The New Urban Frontier*. London: Routledge.

Tate, Alan. 2001. *Great City Parks*. London and New York: Spon Press.

Taylor, D. 1993. Urban Park Use: Race, Ancestry, and Gender. *Managing Urban and High-use Recreation Settings*. North Central Forest Experiment Station, USDA Forest Service.

———. 1999. Central Park as a Model for Social Control: Urban Parks, Social Class, and Leisure Behavior in Nineteenth-Century America. *Journal of Leisure Research* 31 (4): 420–477.

———. 2000. Meeting the Challenge of Wild Land Recreation Management: Demographic Shifts and Social Inequality. *Journal of Leisure Research* 32 (1): 171–179.

Terrie, P. 1994. *Forever Wild: A Cultural History of the Wilderness in the Adirondacks*. Syracuse: Syracuse University Press.

Throsby, David. 1995. Culture, Economics, and Sustainability. *Journal of Cul-*

tural Economics 19 : 199 – 206.

———. 1999a. Cultural Capital. *Journal of Cultural Economics* 23 : 3 – 12.

———. 1999b. Cultural Capital and Sustainability Concepts in the Economics of Cultural Heritage. 1 – 36. Paper prepared for the Economics of Cultural Heritage Project, the Getty Conservation Institute.

Tunbridge, J. E., and G. J. Ashworth. 1996. *Dissonant Heritage: The Management of the Past as a Resource in Conflict.* Chichester, NY: John Wiley and Sons.

Van Willigen, John. 1993. *Applied Anthropology: An Introduction.* Westport, CT: Bergin and Garvey.

Von Hoffman, A. 1994. *Local Attachments: The Making of an Urban Neighborhood, 1850 to 1920.* Baltimore: Johns Hopkins University Press.

Warner, Sam Bass. 1968. *The Private City: Philadelphia in Three Periods of Its Growth.* Philadelphia: University of Pennsylvania Press.

———. 1993. Public Park Inventions: Past and Future. In *The Once and Future Park,* ed. D. Karasove and S. Waryan. Minneapolis: Walker Art Center.

Warren, Karen. 1989. A Philosophical Perspective on the Ethics and Resolution of Cultural Properties. In *The Ethics of Collecting Cultural Property,* ed. Phyllis M. Messenger, 1 – 26. Albuquerque: University of New Mexico Press.

Washburne, Randel F. 1978. Black Under-Participation in Wild Land Recreation: Alternative Explanations. *Leisure Sciences* 1 (2): 178 – 189.

West, P. 1989. Urban Region Parks and Black Minorities: Subculture, Marginality, and Interracial Relations in Park Use in the Detroit Metropolitan Area. *Leisure Sciences* 11 : 11 – 28.

Whitaker, B., and K. Browne. 1971. *Parks Are for People.* New York: Schocken Books.

Whyte, W. H. 1980. *The Social Life of Small Urban Spaces.* Washington, DC: Conservation Foundation.

Wilson, A. 1992. *The Culture of Nature: North American Landscape from Disney to the* Exxon Valdez. Cambridge, MA: Blackwell.

Wolf, Janet C. 1987. Martin Luther King, Jr. *CRM Bulletin* 10 (1): 12 – 13.

Woolf, J. 1996. In Defense of the Metropolitan Mosaic. *National Parks* 70 (Jan.– Feb.): 41.

Wrenn, Tony P. 1975. *General History: The Jamaica Bay, Breezy Point, and Staten Island Units, Gateway National Recreation Area, New York.* Washington: National Park Service, U.S. Department of the Interior.

Yuval-Davis, Nira. 1998. Diversity, Positioning, and Citizenship. In *Cultural Diversity and Citizenship,* ed. Susan Wright, 22 – 28. Birmingham, U.K.: University of Birmingham.

Zaitzevsky, C. 1982. *Frederick Law Olmsted and the Boston Park System.* Cambridge, MA: Belknap Press.

Zukin, Sharon. 1991. *Landscapes of Power.* Berkeley: University of California Press.

译后记

　　随着 21 世纪的到来，人们越来越多地面临使用公共场所，而文化的多样性正是保护城市公园的关键因素，但许多公共空间设计与管理模式却常常由于缺少社会与文化的多样性而令人排斥。本书围绕美国纽约的普罗斯佩克特公园、佩勒姆海湾公园的奥查德海滩、美国国家娱乐区的雅各布·里斯公园、纽约的埃利斯岛大桥及费城的国家独立历史公园五个城市公园研究，确立起特殊的方式发展、保护和管理在城市公园中文化的多样性；同时也揭示了那些可能会限制公园使用的因素，包括忽视不同种族群体作用的历史解释素材、高额门票、限制种族行为的公园使用规则，以及公园仅关注于历史或美学价值的"修复"等等。全书采用著名设计项目的丰富数据，使城市规划师、公园专业人员，以及所有相关市民均能够有据可依地去创造和保护服务于所有公众需要与感兴趣的城市公园，为其提供一个围绕着世界发展和保护文化多样性的蓝图。

　　在本书翻译过程中，译者本着将充分表达作者原文原意作为出发点，并对部分内容做了适应中文表达方式的合理修正。书中的许多专业术语由于涉及文化、历史、经济、法律、政治等多元学科，译者在照顾到广大读者对于过于专业化术语的理解基础上，尽可能地实现了全书翻译的专业术语化。

　　译者在此感谢中国建筑工业出版社责任编辑董苏华、李东二位老师对本书的大力支持，同时在翻译过程中我们还要感谢北京市建筑设计研究院高级工程师孙石村先生、北京交通大学建筑与艺术学院、郑州大学建筑学院、天津城市建设学院郭海、胡映东、王丽君、张天宇老师；王晓丹、李悦、王佳慧、赵径军、吕文文、夏渤阳等同学们对本书的诚恳建议与帮助，使本书的翻译工作得以如期顺利完成。

译者

2012 年 11 月 16 日

我们新增了文化资源图以提高其可读性，并作为方便他们规划和管理城市公园和遗址的工具，为公园的使用者传达其重要的文化信息。

　　右图是根据顾问提出的重要分类来组织的。十三种类别的地方协会是五个共同的文化群体。随后这十三个类别又具体到了个人的文化群体。在文化资源相近的地方多种分类开始出现，在文化资源讨论部分中特定的文化资源被列出来。该映射方法，目的是促进跨文化的不同群体之间的文化资源的比较。

文化资源图例

（一）非洲裔美国人社区

1. 一般公园知识
2. a）非本行业人眼中的有意义的文化场所和建筑结构的引用
   b）专家眼中的有意义的文化场所和建筑结构的引用
3. 最适宜场所
4. 优美风景区
5. 不满意的地方
6. 童年的记忆
7. 地区变迁的记忆
8. 休闲场所
9. 儿童游戏场所
10. 可以带顺路拜访的亲戚朋友去的地方
11. 旅游胜地（可避免）
12. 与当地民众工作相关的场所
13. 不美观的地方

非洲裔美国人社区的特别之处

14. 生活服务区
15. 个人及家庭聚会场所

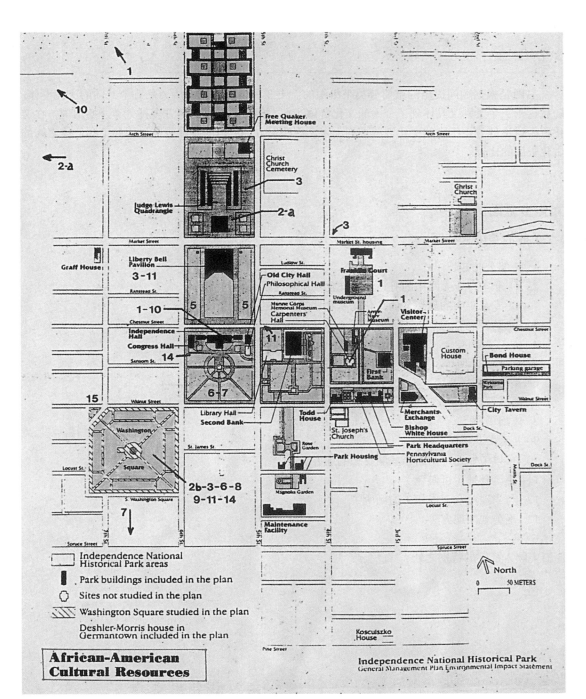

1

10

2-a

Free Quaker
Meeting House

Arch Street

Christ
Church
Cemetery

3

Christ
Church

Judge Lewis
Quadrangle

2-a

Market Street

Market St. housing

Market Street

3

Graff House

Liberty Bell
Pavilion

3-11

Ludlow St.

Old City Hall
Philosophical Hall

Franklin Court

1

Ranstead St.

Ranstead St.

Marine Corps
Memorial Museum

Underground
museum

1

Chestnut Street

1-10

5

5

Carpenters'
Hall

Army-
Navy
Museum

Visitor
Center

Chestnut Street

Independence
Hall
Congress Hall

14

Sansom St.

11

First
Bank

Custom
House

Bond House

Parking garage

Welcome
Park

Walnut Street

15

Walnut Street

6 7

Library Hall
Second Bank

Todd
House

Merchants
Exchange
Bishop
White House

City Tavern

Dock St.

2b-3-6-8
9-11-14

St. James St.

Washington

Square

St. Joseph's
Church

Rose
Garden

Park Housing

Park Headquarters
Pennsylvania
Horticultural Society

Locust St.

S. Washington Square

Locust St.

Dock St.

7

Magnolia Garden

Maintenance
Facility

Spruce Street

Spruce Street

Kosciuszko
House

Pine Street

Independence National
Historical Park areas

Park buildings included in the plan

Sites not studied in the plan

Washington Square studied in the plan

Deshler-Morris house in
Germantown included in the plan

North

0   50 METERS

**African-American
Cultural Resources**

Independence National Historical Park
General Management Plan Environmental Impact Statement

文化资源图

右图是根据顾问提出的重要分类来组织的。十三种类别的地方协会是五个共同的文化群体。随后这十三个类别又具体到了个人的文化群体。在文化资源相近的地方多种分类开始出现，在文化资源讨论部分中特定的文化资源被列出来。该映射方法，目的是促进跨文化的不同群体之间的文化资源的比较。

文化资源图例

（二）亚裔美国人社区

1. 一般公园知识
2. a）非本行业人眼中的有意义的文化场所和建筑结构的引用
   b）专家眼中的有意义的文化场所和建筑结构的引用
3. 最适宜场所
4. 优美风景区
5. 不满意的地方
6. 童年的记忆
7. 地区变迁的记忆
8. 休闲场所
9. 儿童游戏场所
10. 可以带顺路拜访的亲戚朋友去的地方
11. 旅游胜地（可避免）
12. 与当地民众工作相关的场所
13. 不美观的地方

亚裔美国人社区的特别之处
   无

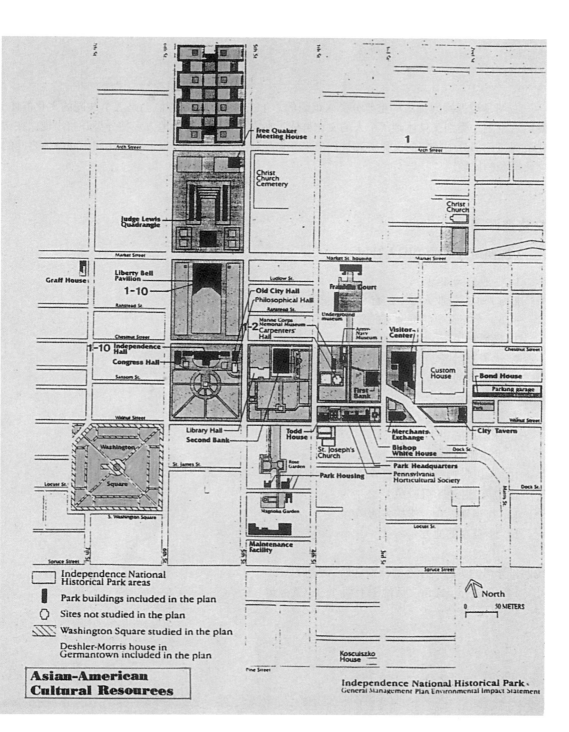

Free Quaker
Meeting House

1

Arch Street

Arch Street

Christ
Church
Cemetery

Christ
Church

Judge Lewis
Quadrangle

Market Street

Market St. housing

Market Street

Graff House

Liberty Bell
Pavilion

1-10

Ludlow St.

Franklin Court

Old City Hall
Philosophical Hall

Ranstead St.

Ranstead St.

Underground
museum

Chestnut Street

Marine Corps
Memorial Museum
Carpenters'
Hall

Army-
Navy
Museum

Visitor
Center

Chestnut Street

1-10 Independence
Hall

Congress Hall

Custom
House

Bond House

Parking garage

Sansom St.

First
Bank

Walnut Street

Library Hall

Todd
House

St. James St.

Walnut Street

City Tavern

Second Bank

Rose
Garden

St. Joseph's
Church

Merchants
Exchange

Bishop
White House

Dock St.

Park Housing

Park Headquarters

Locust St.

Pennsylvania
Horticultural Society

Dock St.

Washington

Magnolia Garden

Locust St.

Square

Maintenance
Facility

S. Washington Square

Spruce Street

Spruce Street

Locust St.

Main St.

Independence National
Historical Park areas

Park buildings included in the plan

Sites not studied in the plan

Washington Square studied in the plan

Deshler-Morris house in
Germantown included in the plan

North

0   50 METERS

Kosciuszko
House

Pine Street

**Asian-American
Cultural Resources**

Independence National Historical Park
General Management Plan Environmental Impact Statement

　　右图是根据顾问提出的重要分类来组织的。十三种类别的地方协会是五个共同的文化群体。随后这十三个类别又具体到了个人的文化群体。在文化资源相近的地方多种分类开始出现，在文化资源讨论部分中特定的文化资源被列出来。该映射方法，目的是促进跨文化的不同群体之间的文化资源的比较。

文化资源图例

（三）说西班牙语的美国人社区

1. 一般公园知识
2. a）非本行业人眼中的有意义的文化场所和建筑结构的引用
   b）专家眼中的有意义的文化场所和建筑结构的引用
3. 最适宜场所
4. 优美风景区
5. 不满意的地方
6. 童年的记忆
7. 地区变迁的记忆
8. 休闲场所
9. 儿童游戏场所
10. 可以带顺路拜访的亲戚朋友去的地方
11. 旅游胜地（可避免）
12. 与当地民众工作相关的场所
13. 不美观的地方

说西班牙语的美国人社区的特别之处
14. 在进一步探索之后地图上额外的位置标记
15. 朋友聚会场所

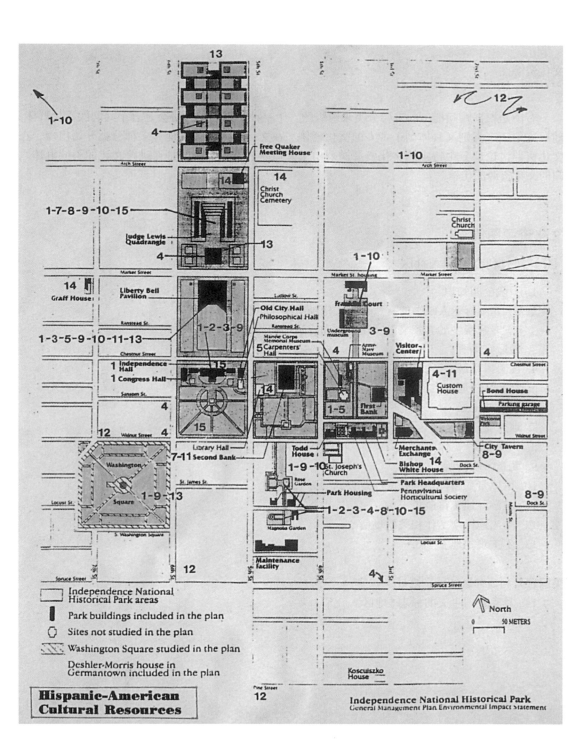

13

1-10

4

Free Quaker
Meeting House

1-10

Arch Street

12

14

14
Christ
Church
Cemetery

Christ
Church

1-7-8-9-10-15

Judge Lewis
Quadrangle

4

13

Market Street

Market St. housing

Market Street

14
Graff House

Liberty Bell
Pavilion

Ludlow St.

1-10

Franklin Court

Ranstead St.

Old City Hall
Philosophical Hall

Ranstead St.

Underground
museum

3-9

1-3-5-9-10-11-13

1-2-3-9

Marine Corps
Memorial Museum

Army-
Navy
Museum

Visitor
Center

4

Chestnut Street

5 Carpenters'
Hall

4

Chestnut Street

1 Independence
Hall

15

4-11
Custom
House

Bond House

1 Congress Hall

Sansom St.

14

1-5

First
Bank

Parking garage

Welcome
Park

12 Walnut Street

4

15

Walnut Street

Library Hall

7-11 Second Bank

Todd
House

Merchants
Exchange

City Tavern

8-9

1-9-10 St. Joseph's
Church

Bishop
White House

14

Dock St.

8-9

Park Headquarters

Washington

St. James St.

Rose
Garden

Park Housing

Pennsylvania
Horticultural Society

Locust St.

Square

1-9-13

1-2-3-4-8-10-15

8-9
Dock St.

Magnolia Garden

S. Washington Square

Locust St.

12

Maintenance
facility

4

Spruce Street

Spruce Street

☐ Independence National
Historical Park areas

■ Park buildings included in the plan

○ Sites not studied in the plan

▨ Washington Square studied in the plan

Deshler-Morris house in
Germantown included in the plan

North

0   50 METERS

Pine Street

12

Koscuiszko
House

**Hispanic-American
Cultural Resources**

Independence National Historical Park
General Management Plan Environmental Impact Statement

右图是根据顾问提出的重要分类来组织的。十三种类别的地方协会是五个共同的文化群体。随后这十三个类别又具体到了个人的文化群体。在文化资源相近的地方多种分类开始出现，在文化资源讨论部分中特定的文化资源被列出来。该映射方法，目的是促进跨文化的不同群体之间的文化资源的比较。

文化资源图例
（四）意大利裔美国人社区

1. 一般公园知识
2. a）非本行业人眼中的有意义的文化场所和建筑结构的引用
   b）专家眼中的有意义的文化场所和建筑结构的引用
3. 最适宜场所
4. 优美风景区
5. 不满意的地方
6. 童年的记忆
7. 地区变迁的记忆
8. 休闲场所
9. 儿童游戏场所
10. 可以带顺路拜访的亲戚朋友去的地方
11. 旅游胜地（可避免）
12. 与当地民众工作相关的场所
13. 不美观的地方

美国意大利裔社区的特别之处
14. 具有爱国主义的标志／地区

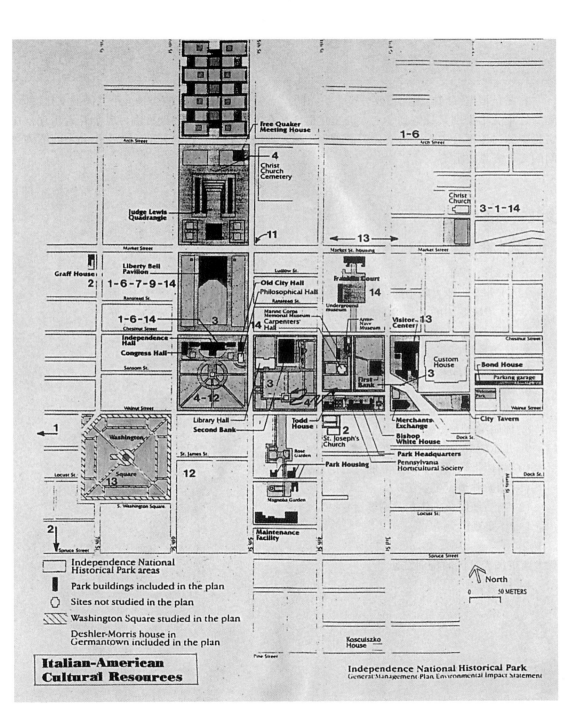

Free Quaker
Meeting House

1-6   Arch Street

4
Christ
Church
Cemetery

Christ
Church

3-1-14

Judge Lewis
Quadrangle

11   ← 13 →

Market Street   Market St. housing   Market Street

Graff House

Liberty Bell
Pavilion

2   1-6-7-9-14

Ludlow St.

Old City Hall
Philosophical Hall

Franklin Court

14

Underground
museum

Ranstead St.

1-6-14

Marine Corps
Memorial Museum
Carpenters'
Hall

Army-
Navy
Museum

Visitor
Center

13

Chestnut Street   Chestnut Street

Independence
Hall

3   4

Congress Hall

Custom
House

3

Bond House

Sansom St.

First
Bank

Parking garage

Walnut Street

4-12

3   4

Welcome
Park

Walnut Street

City Tavern

Library Hall
Second Bank

Todd
House

Merchants
Exchange

← 1

Washington

St. James St.

2
St. Joseph's
Church

Bishop
White House

Dock St.

Locust St.

Square

12

Rose
Garden

Park Headquarters
Pennsylvania
Horticultural Society

Dock St.

13

Park Housing

S. Washington Square

Magnolia Garden

Locust St.

2

Maintenance
Facility

Spruce Street   Spruce Street

Spruce Street

North

0   50 METERS

☐ Independence National
   Historical Park areas

■ Park buildings included in the plan

⬡ Sites not studied in the plan

▨ Washington Square studied in the plan

Deshler-Morris house in
Germantown included in the plan

Kosciuszko
House

Pine Street

Italian-American
Cultural Resources

Independence National Historical Park
General Management Plan Environmental Impact Statement

　　右图是根据顾问提出的重要分类来组织的。十三种类别的地方协会是五个共同的文化群体。随后这十三个类别又具体到了个人的文化群体。在文化资源相近的地方多种分类开始出现，在文化资源讨论部分中特定的文化资源被列出来。该映射方法，目的是促进跨文化的不同群体之间的文化资源的比较。

文化资源图例

（五）犹太裔美国人社区

1. 一般公园知识
2. a）非本行业人眼中的有意义的文化场所和建筑结构的引用
   b）专家眼中的有意义的文化场所和建筑结构的引用
3. 最适宜场所
4. 优美风景区
5. 不满意的地方
6. 童年的记忆
7. 地区变迁的记忆
8. 休闲场所
9. 儿童游戏场所
10. 可以带顺路拜访的亲戚朋友去的地方
11. 旅游胜地（可避免）
12. 与当地民众工作相关的场所
13. 不美观的地方

犹太裔美国人社区的特别之处
14. 散步场所

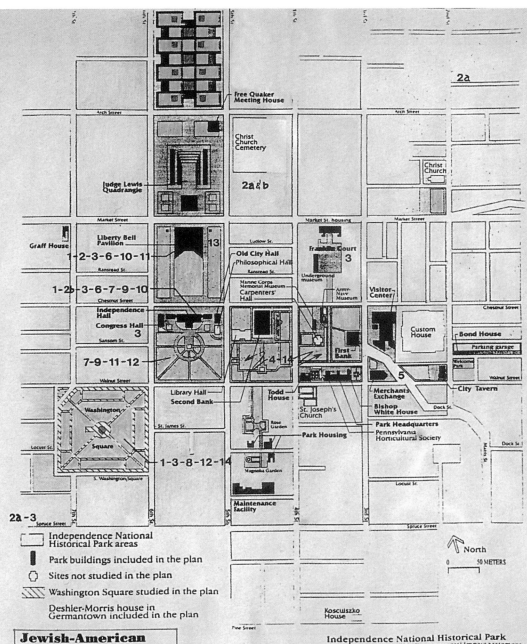

Free Quaker
Meeting House

2a

Arch Street

Arch Street

Christ
Church
Cemetery

Christ
Church

Judge Lewis
Quadrangle

2a & b

Market Street

Market St. housing

Market Street

Graff House

Liberty Bell
Pavilion

13

Ludlow St.

Franklin Court

3

1-2-3-6-10-11

Old City Hall
Philosophical Hall

Ransread St.

Ransread St.

Underground
museum

Visitor
Center

1-2-3-6-7-9-10

Manne Corps
Memorial Museum
Carpenters'
Hall

Army-
Navy
Museum

Chestnut Street

Chestnut Street

Independence
Hall

Congress Hall

3

Custom
House

Bond House

First
Bank

Parking garage

Sansom St.

Welcome
Park

7-9-11-12

Walnut Street

5

Walnut Street

City Tavern

Library Hall
Second Bank

Todd
House

Merchants
Exchange

Dock St.

Washington

St. James St.

St. Joseph's
Church

Bishop
White House

Park Headquarters
Pennsylvania
Horticultural Society

Dock St.

Rose
Garden

Park Housing

Locust St.

Square

1-3-8-12-14

Magnolia Garden

Locust St.

S. Washington Square

2a-3

Spruce Street

Maintenance
facility

Spruce Street

Independence National
Historical Park areas

Park buildings included in the plan

Sites not studied in the plan

Washington Square studied in the plan

Deshler-Morris house in
Germantown included in the plan

North

0   50 METERS

Koscuiszko
House

Pine Street

**Jewish-American
Cultural Resources**

Independence National Historical Park
General Management Plan Environmental Impact Statement

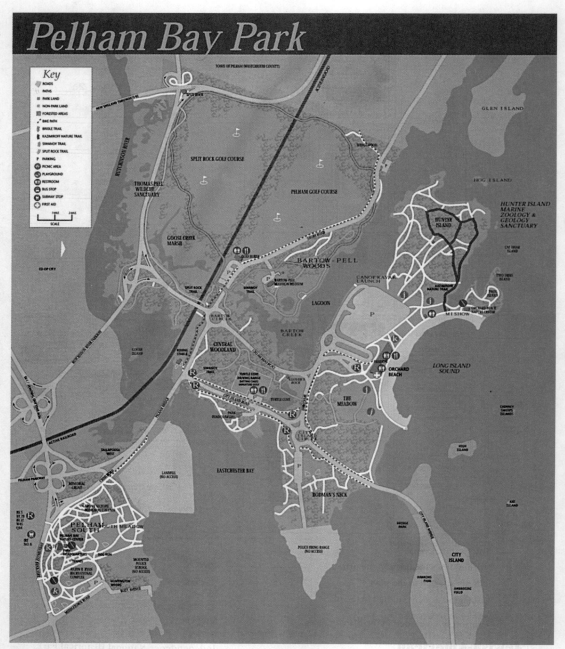

Pelham Bay Park

佩勒姆湾公园（参见正文第 92 页）